国家级高技能人才培训基地建设项目成果教材

制浆造纸化验

（高级工）

主　　编　赖建萍　陈　元　周丽东
责任主审　陈　黔　梁　勤
审　　稿　曾淮海　李福琉

北　京
冶金工业出版社
2017

内 容 简 介

本书以提升技能为核心，将企业工作程序和学校学习过程进行融合，形成既具有企业工作过程特点，又方便学生学习的教材体例。本书紧紧围绕成品纸质量的检测任务，主要介绍了文化纸和卫生纸质量检测的实用知识和技能。突出全面性和实用性。

全书共12个学习任务，其中任务1～任务8为文化纸的主要质量检测项目，任务9～任务11为卫生纸的主要质量检测项目，任务12为成品纸的主要外观检测项目。

本书作为高职高专与中职中专制浆造纸及其相关专业教材（配有教学课件），也可作为企业培训用书或制浆造纸从业人员的参考读物。

图书在版编目(CIP)数据

制浆造纸化验：高级工/赖建萍，陈元，周丽东主编.—北京：冶金工业出版社，2017.4

国家级高技能人才培训基地建设项目成果教材

ISBN 978-7-5024-7493-5

Ⅰ.①制…　Ⅱ.①赖…　②陈…　③周…　Ⅲ.①制浆—化学分析—技术培训—教材　Ⅳ.①TS74

中国版本图书馆CIP数据核字(2017)第060311号

出 版 人　谭学余

地　　址　北京市东城区嵩祝院北巷39号　邮编　100009　电话　(010)64027926

网　　址　www.cnmip.com.cn　电子信箱　yjcbs@cnmip.com.cn

责任编辑　俞跃春　贾怡雯　美术编辑　杨　帆　版式设计　孙跃红

责任校对　郑　娟　责任印制　李玉山

ISBN 978-7-5024-7493-5

冶金工业出版社出版发行；各地新华书店经销；三河市双峰印刷装订有限公司印刷

2017年4月第1版，2017年4月第1次印刷

787mm×1092mm　1/16；8印张；193千字；119页

25.00元

冶金工业出版社　投稿电话　(010)64027932　投稿信箱　tougao@cnmip.com.cn

冶金工业出版社营销中心　电话　(010)64044283　传真　(010)64027893

冶金书店　地址　北京市东四西大街46号(100010)　电话　(010)65289081(兼传真)

冶金工业出版社天猫旗舰店　yjgycbs.tmall.com

（本书如有印装质量问题，本社营销中心负责退换）

前　言

为了贯彻落实国家高技能人才振兴计划精神，满足行业企业技能培训需求，由多年从事制浆造纸专业的教师和行业企业专家在充分调研的基础上，根据当前制浆造纸行业对人才的需求情况，按照行业和职业岗位的任职要求，参照相关的职业资格标准，编写了本教材。本教材以提升高技能人才培训能力为核心，以建设一流的高技能人才培训基地为目标，以教育对接产业、学校对接企业、专业设置对接职业岗位、课程对接职业标准、教学过程对接生产过程为原则，深入浅出，通俗易懂，突出科学性和实用性。

当今科技发展迅速，分析和检测技术也在不断创新。本书借鉴了国内外先进的教学理念和教学方法，在编写框架构建上，打破了以知识体系为主线的传统编写模式，以职业能力为依据，以化验仪器为载体，以工作过程为主线，按照一体化教学和工作过程系统化的教学思想，开发出了“成品纸的质量检测”学习模块，共12个工作任务。针对每一个工作任务填充与技能相对应的必须知识点，通过阅读知识点拓展理论知识。书中的每一个任务均设计有任务单、操作技能考核表，便于一体化教学的实施。学生通过完成模块中的各项工作任务，达到知行合一的目的，深入掌握学习内容，同时提高自身的实践能力和职业素质。

本书由赖建萍、陈元、周丽东主编，全书统稿工作由赖建萍负责，任务1至任务8由赖建萍编写，任务9和任务10由周丽东编写，任务11和任务12由陈元编写；广西轻工技师学院陈黔院长、梁勤副院长担任责任主审，教务科曾淮海科长、李福琉副科长对成稿进行了审核，提出很多宝贵意见；特别感谢广西工业技师学院黄海和行业企业专家黄玉梅、陆海峰、庞业娟等给予的精心指导和帮助。另外，江宁、杨红梅、陈晓芳、叶春保、张惠玲、李萍等老师也给予了大力支持和帮助，使编写工作得以顺利完成。在编写过程中参考了中国劳动社会保障出版社出版的《食品检验（高级工)》等有关图书。在本书出版之际，谨向参加本书编写、审核和给予本书支持帮助的专家以及有关参考资料的作者表示衷心的感谢！

本书配套的教学课件读者可从冶金工业出版社官网（http：//www. cnmip. com. cn）教学服务栏目中下载。

由于编者水平所限，书中不妥之处，敬请广大读者批评指正。

作 者

2017 年2月

目　录

绪论　成品纸的质量检测

学习目标

（1）了解彩色胶版印刷纸、涂布纸、卫生纸的质量检测项目及其方法。

（2）掌握定量仪、厚度仪、亮度（白度）仪、平滑度仪、可勃吸收性试验仪（翻转式或是平压式均可）、肖伯尔耐折度仪、抗张强度仪、柔软度仪、克列姆试验仪等检测仪器的正确使用及维护。

（3）正确识读任务单，选择检测方法。

（4）能解读国家标准 GB/T 451.2—2002《纸和纸板定量的测定》、GB/T 451.3—2002《纸和纸板厚度的测定》、GB/T 1541—2013《纸和纸板尘埃度的测定》、GB/T 460—2008《纸施胶度的测定》、GB/T 1540—2002《纸和纸板吸水性的测定（可勃法）》、GB/T 456—2002《纸和纸板平滑度的测定（别克法）》、GB/T 457—2008《纸和纸板耐折度的测定》、GB/T 453—2002《纸和纸板抗张强度的测定（恒速加荷法）》、GB/T 7974—2013《纸、纸板和纸浆蓝光漫反射因素 D65 亮度的测定（漫射/垂直法、室外日光条件）》、GB/T 1543—2005《纸和纸板不透明度（纸背衬）的测定（漫反射法）》、GB/T 7975—2005《纸和纸板颜色的测定（漫反射法）》、GB/T 461.1—2002《纸和纸板毛细吸液高度的测定（克列姆法）》、GB/T 8942—2002《纸柔软度的测定》、GB 20810—2006《卫生纸（含卫生纸原纸）》、GB/T 451.1—2002《纸和纸板尺寸及偏斜度的测定》。

（5）规范填写成品纸的检测原始记录表，出具检测报告。

（6）能按现场 7S 及相关标准，整理现场和处理废弃物。

（7）能熟练使用电脑查阅资料。

建议课时

565 课时（任务的总课时）。

任务描述

纸张生产出来后，根据不同纸种的国家质量标准，使用规定的仪器按国家（行业、企业）标准对成品纸进行采样及检测，然后把检测结果和国家（或行业、企业）质量标准进行比较，评定成品纸的质量等级，把检测结果记录在相应的记录本上并通知相关部门。

相关知识

从纸浆制成纸或纸板一般需要经过打浆、加填、施胶、染色、净化、筛选等一系列加工工序，然后在造纸机上通过成形、脱水、压榨、干燥、压光、卷取，并抄成纸卷，（有的要经过涂料加工或超级压光处理），再经过分切，裁成一定规格的平板纸；或通过复卷、分卷为一定规格的卷筒纸，最后包装入库。

文化纸指用于传播文化知识的书写、印刷的纸张，故与印刷业有密切关系，常见的文化用纸有铜版纸、轻涂纸、道林纸、新闻用纸、圣经纸等。印刷纸是供各种印刷物使用的纸的统称，例如凸版印刷纸、胶版印刷纸、高级光泽卡纸、新闻纸等。其特性是印刷适应性较好、不透明度较高。根据印刷方法不同，纸张具有特定的性能。例如，印刷报刊的新闻纸和印刷书籍的凸版印刷纸，吸墨性好、不透印；用于套色彩印的胶印新闻纸，则有高的吸水变形伸缩率；用于凹版印刷的证券纸，其纸面细腻，印出的线条清晰逼真。

印刷纸按用途可分为新闻纸、书刊用纸、封面纸、证券纸等。按印刷方法的不同可分为凸版印刷纸、凹版印刷纸、胶版印刷纸等。

纸作为一种重要的、传统的信息载体，经济的发展、技术的进步，对纸的品种、纸的质量和纸的性能不断地提出新的要求。现代胶版印刷要求印刷用纸具有更平滑的表面，更好的印刷性能，并能够承受较大的温度和水分的变化而不出现卷曲现象。国际上已经把印刷纸品种向上延伸，发展了一系列的机械木浆印刷纸新品种。近年来，数字印刷技术、办公自动化和个人计算机的发展，对用纸的质量提出更新、更高的要求。国家对不同品种的文化纸制定了相关的检测标准。

卫生纸是人民群众不可缺少的纸种之一。它跟一般纸的制造流程差不多，但要求具有良好的柔软性、吸收性、洁净性和适宜的强度。由于卫生纸的特殊性，国家制定了相关的检验标准规范，该标准规定了包括定量、亮度（白度）、毛细吸收高度等技术指标和细菌菌落总数、大肠菌群、金黄色葡萄球菌、溶血性链球菌等微生物指标。

任务1 定量的测定、厚度的测定和紧度的计算

学习目标

（1）了解成品纸的定量、厚度、紧度的定义和测定意义。

（2）掌握厚度仪测定厚度的原理方法。

（3）掌握定量仪测定定量的原理及方法。

（4）掌握成品纸紧度的计算原理及方法。

（5）能解读国家标准 GB/T 451. 2—2002《纸和纸板定量的测定》、GB/T 451. 3—2002《纸和纸板厚度的测定》。

（6）能按国家标准 GB/T 451. 2—2002《纸和纸板定量的测定》、GB/T 451. 3—2002《纸和纸板厚度的测定》的要求完成成品纸的定量、厚度的检测；能按照计算公式完成成品纸的紧度的计算，出具检测报告。

（7）能按现场 7S 及相关标准，整理现场和处理废弃物。

（8）能熟练使用电脑等工具查阅资料。

建议课时 32 课时

任务描述

按国标 GB/T 450—2008《纸和纸板试样的采取及试样纵横向、正反面的测定》采样，按 GB/T 451. 2—2002《纸和纸板定量的测定》进行测定，裁切一定面积（单位为 m^2）的纸样，使用定量仪或天平称取纸样的质量，定量 = 质量/面积，单位以 g/m^2 表示。按国标 GB/T 450—2008《纸和纸板试样的采取及试样纵横向、正反面的测定》采样，用厚度仪检测纸张，按 GB/T 451. 3—2002《纸和纸板厚度的测定》，测量出纸或纸板两表面间的距离即为厚度，单位用 mm 或 μm 表示。紧度 = 定量/厚度，单位以 g/cm^3 表示。

相关知识

（1）厚度（thickness）。厚度是指纸或纸板在两测量面间承受一定压力，从而测量出的纸或纸板两表面间的距离，其结果以 mm 或 μm 表示。

单层厚度（single sheet thickness）是用标准试验方法，对单层试样施加静态负荷，从而测量出的纸或纸板的厚度。

层积厚度（bulk thickness）是采用标准试验方法，对多层试样施加静态负荷，从而测

量出多层纸页的厚度，再计算得出单层纸的厚度。

（2）定量（grammage）。定量是按规定的试验方法，测定纸和纸板单位面积的质量，单位以 g/m^2 表示。

（3）紧度。纸张紧度指单位体积的纸或纸板的质量，又称表观密度，单位为 g/cm^3。

单层紧度（single sheet density）是单位体积纸或纸板的质量，由单层厚度计算得出，单位为 g/cm^3。

层积紧度（bulk density）是单位体积纸或纸板的质量，由层积厚度计算得出，单位以 g/cm^3 表示。

注：单层厚度常简称为厚度，单层紧度常简称为紧度。

紧度与原料的种类、打浆程度、湿压及压光程度、施胶度等因素有关。用于比较各种纸张强度和其他性能的重要参数。紧度高，纸张的抗撕强度、抗张强度高，透明度低；紧度低，则强度低，透气度高，挺度低。紧度 = 定量/厚度。

学习活动

学习活动 1.1　接受任务（建议 4 课时）。
学习活动 1.2　制订检测计划（建议 7 课时）。
学习活动 1.3　检测准备（建议 2 课时）。
学习活动 1.4　实施检测（建议 12 课时）。
学习活动 1.5　数据分析及结果报告（建议 4 课时）。
学习活动 1.6　总结与评价（建议 3 课时）。

学习活动 1.1　接受任务

学习目标

（1）了解成品纸的定量、厚度、紧度的检测的意义。
（2）能识读任务单，明确检测任务。
（3）能解读国家标准的范围和原理。

学习过程

1.1.1　纸和纸板定量的测定

接受检验任务单，见表 1-1。

具体参照标准：GB/T 451.2—2002《纸和纸板定量的测定》、GB/T 450—2008《纸和纸板试样的采取及试样纵横向、正反面的测定》、GB/T 10739—2002《纸、纸板和纸浆试样处理和试验的标准大气条件》、QB/T 1047—2016《纸和纸板定量测定仪》。

表1-1 纸和纸板定量的测定任务单

<table>
<tr><td colspan="2">样品名称</td><td colspan="2"></td><td>样品编号</td><td></td></tr>
<tr><td colspan="2">样品性状及包装</td><td colspan="2"></td><td>样品数量</td><td></td></tr>
<tr><td colspan="2">样品存放条件</td><td colspan="2"></td><td>样品处置</td><td></td></tr>
<tr><td colspan="2">检验技术依据</td><td colspan="4">GB/T 451.2—2002《纸和纸板定量的测定》</td></tr>
<tr><td colspan="2">测试方法和仪器</td><td colspan="4"></td></tr>
<tr><td colspan="2">检测地点及环境条件</td><td colspan="4"></td></tr>
<tr><td colspan="2">检验项目</td><td colspan="4">纸和纸板定量的测定</td></tr>
<tr><td colspan="2">收样日期</td><td colspan="2"></td><td>检测日期</td><td></td></tr>
<tr><td colspan="2">任务下达人</td><td colspan="2"></td><td>检验人员</td><td></td></tr>
<tr><td rowspan="2">备 注</td><td>样品已领</td><td>领样人</td><td></td><td>日 期</td><td></td></tr>
<tr><td>检验完成</td><td>检验员</td><td></td><td>日 期</td><td></td></tr>
</table>

阅读任务单，回答下列问题。

检测项目是：________________

检测依据的标准是：________________

检验过程中需要参考的标准是：________________

阅读国家标准 GB/T 451.2—2002《纸和纸板定量的测定》，回答问题。

（1）写出本标准的适用范围。

（2）如何取 0.01m^2 的纸样？

（3）如何取 0.1m^2 的纸样？

(4) 试样为什么要按 GB/T 10739 进行温湿处理？

1.1.2 纸和纸板厚度的测定和紧度的计算

接受检验任务单，见表1-2。

表1-2 纸和纸板厚度的测定和紧度的计算任务单

<table>
<tr><td colspan="2">样品名称</td><td colspan="2"></td><td>样品编号</td><td></td></tr>
<tr><td colspan="2">样品性状及包装</td><td colspan="2"></td><td>样品数量</td><td></td></tr>
<tr><td colspan="2">样品存放条件</td><td colspan="2"></td><td>样品处置</td><td></td></tr>
<tr><td colspan="2">检验技术依据</td><td colspan="4">GB/T 451.3—2002《纸和纸板厚度的测定》</td></tr>
<tr><td colspan="2">测试方法和仪器</td><td colspan="4"></td></tr>
<tr><td colspan="2">检测地点及环境条件</td><td colspan="4"></td></tr>
<tr><td colspan="2">检验项目</td><td colspan="4">纸和纸板厚度的测定和紧度的计算</td></tr>
<tr><td colspan="2">收样日期</td><td colspan="2"></td><td>检测日期</td><td></td></tr>
<tr><td colspan="2">任务下达人</td><td colspan="2"></td><td>检验人员</td><td></td></tr>
<tr><td rowspan="2">备 注</td><td>样品已领</td><td>领样人</td><td></td><td>日 期</td><td></td></tr>
<tr><td>检验完成</td><td>检验员</td><td></td><td>日 期</td><td></td></tr>
</table>

具体参照标准：GB/T 451.3—2002《纸和纸板厚度的测定》、GB/T 450—2008《纸和纸板试样的采取及试样纵横向、正反面的测定》、GB/T 10739—2002《纸、纸板和纸浆试样处理和试验的标准大气条件》、QB/T 1055—2004《纸与纸板厚度测定仪》。

阅读任务单，回答下列习题。

检测项目是：________________

检测依据的标准是：________________

检验过程中需要参考的标准是：________________

阅读国家标准 GB/T 451.3—2002《纸和纸板厚度的测定》，回答问题。

(1) 写出本标准的适用范围。

（2）为什么测量过程中测量面间的压力应为（100±10）kPa?

（3）为什么要采用恒定荷重的方法，以确保两测量面间的压力均匀?

（4）测量时为什么要避免产生任何冲击作用?

（5）定量的单位是 g/m^2，厚度的单位是 mm，紧度的单位是 g/cm^3，紧度 = 定量/厚度，按统一单位的原则，写出统一了单位的紧度公式。

学习活动1.2　制订检测计划

熟读国家标准 GB/T 451.2—2002《纸和纸板定量的测定》、GB/T 451.3—2002《纸和纸板厚度的测定》并查阅相关的资料，经小组讨论后制订出工作计划（所需设备、人员分工、时间安排、工作流程图等），并根据国家标准 GB/T 451.2—2002《纸和纸板定量的测定》、GB/T 451.3—2002《纸和纸板厚度的测定》绘制成品纸的定量、厚度检测流程图并报教师审批。

学习活动1.3　检测准备

按工作计划准备所需的检测纸张及所需要的设备（裁纸刀、定量仪、厚度仪等）。

学习活动1.4　实施检测

按标准 QB/T 1047—2016《纸和纸板定量测定仪》、QB/T 1055—2004《纸与纸板厚度测定仪》和制订的工作计划校验好定量测定仪和厚度测定仪，按国家标准 GB/T 451. 2—2002《纸和纸板定量的测定》、GB/T 451. 3—2002《纸和纸板厚度的测定》及教师审批过的检测流程图进行成品纸的定量、厚度的检测。

学习活动1.5　数据分析及结果报告

记录原始数据，根据测定的定量和厚度，按紧度 = 定量/厚度计算出相应的紧度。自行设计并填写分析报告。

学习活动1.6　总结与评价

学习目标

（1）能分析总结试样采取、样品前处理情况、定量仪使用情况、厚度仪使用情况、定量和厚度测定情况及数据处理结果。

（2）能根据评价标准进行客观评价。

学习过程

（1）样品前处理过程中的注意事项有哪些？

（2）测量定量时采样的面积除了 0. 01m^2、0. 1m^2 外还可以是其他的采样面积吗？如果是 0. 2m^2 将如何处理？

（3）厚度仪的使用应注意哪些问题？

（4）组长对组员化验结果进行总结。

（5）自评、互评、教师评价，根据评价标准进行打分，填入表 1-3 ~ 表 1-6。

表 1-3　学生自我评价表

<table>
<tr><td colspan="2">任务名称</td><td colspan="4">纸和纸板定量的测定、厚度的测定和紧度的计算</td></tr>
<tr><td colspan="2">姓　名</td><td></td><td>指导教师</td><td colspan="2"></td></tr>
<tr><td colspan="2">项　目</td><td colspan="2">考核要求及标准</td><td>配分</td><td>分值</td></tr>
<tr><td rowspan="12">职业素质</td><td rowspan="3">出　勤</td><td colspan="2">全勤</td><td>15</td><td rowspan="3"></td></tr>
<tr><td colspan="2">出勤不少于总课时 1/2</td><td>5 ~ 14</td></tr>
<tr><td colspan="2">出勤少于总课时 1/2</td><td>0</td></tr>
<tr><td rowspan="3">仪容仪表</td><td colspan="2">工作服装穿戴整洁；不佩戴饰品；不化妆；不穿拖鞋；不穿短裙、短裤</td><td>11 ~ 15</td><td rowspan="3"></td></tr>
<tr><td colspan="2">符合以上至少三项要求</td><td>1 ~ 10</td></tr>
<tr><td colspan="2">不符合以上要求</td><td>0</td></tr>
<tr><td rowspan="3">工作态度</td><td colspan="2">遵守纪律，积极参与学习活动</td><td>11 ~ 15</td><td rowspan="3"></td></tr>
<tr><td colspan="2">基本遵守纪律，能参与学习活动</td><td>1 ~ 10</td></tr>
<tr><td colspan="2">不遵守纪律，不参与学习活动</td><td>0</td></tr>
<tr><td rowspan="3">环保意识</td><td colspan="2">随时保持实验场地整洁</td><td>11 ~ 15</td><td rowspan="3"></td></tr>
<tr><td colspan="2">基本能保持实验场地整洁</td><td>1 ~ 10</td></tr>
<tr><td colspan="2">实验场地杂乱</td><td>0</td></tr>
<tr><td rowspan="9">专业能力</td><td rowspan="3">任务单填写</td><td colspan="2">填写完整，字迹工整</td><td>6 ~ 10</td><td rowspan="3"></td></tr>
<tr><td colspan="2">填写不完整，字迹清晰</td><td>1 ~ 5</td></tr>
<tr><td colspan="2">填写不完整，字迹潦草</td><td>0</td></tr>
<tr><td rowspan="3">原始记录</td><td colspan="2">填写完整，字迹工整</td><td>11 ~ 15</td><td rowspan="3"></td></tr>
<tr><td colspan="2">填写不完整，字迹清晰</td><td>1 ~ 10</td></tr>
<tr><td colspan="2">填写不完整，字迹潦草</td><td>0</td></tr>
<tr><td rowspan="3">报告单填写</td><td colspan="2">填写完整，字迹工整</td><td>11 ~ 15</td><td rowspan="3"></td></tr>
<tr><td colspan="2">填写不完整，字迹清晰</td><td>1 ~ 10</td></tr>
<tr><td colspan="2">填写不完整，字迹潦草</td><td>0</td></tr>
<tr><td colspan="2">合　计</td><td colspan="2"></td><td>100</td><td></td></tr>
<tr><td colspan="2">开始时间</td><td></td><td>结束时间</td><td colspan="2"></td></tr>
</table>

表1-4　小组评价表

任务名称		纸和纸板定量的测定、厚度的测定和紧度的计算		
姓　名			指导教师	
项　目		考核要求及标准	配分	分值
职业素质	出勤	全勤	10	
		出勤不少于总课时1/2	1～9	
		出勤少于总课时1/2	0	
	仪容仪表	工作服装穿戴整洁；不佩戴饰品；不化妆；不穿拖鞋；不穿短裙、短裤	5	
		符合以上至少二项要求	1～4	
		不符合以上要求	0	
	工作态度	遵守纪律，积极参与学习活动	5	
		基本遵守纪律，能参与学习活动	1～4	
		不遵守纪律，不参与学习活动	0	
	安全意识	具有安全预防意识，遵守安全操作规定	5	
		具有安全预防意识，基本遵守安全操作规定	1～4	
		无安全预防意识，不遵守安全操作规定	0	
	环保意识	随时保持实验场地整洁	5	
		基本能保持实验场地整洁	1～4	
		实验场地杂乱	0	
	合作意识	合作意识强，具有团队领导能力	10	
		具有合作意识，不主动参与团队活动	1～9	
		合作意识差，不参与团队活动	0	
专业素质	任务单填写	填写完整，字迹工整	11～15	
		填写不完整，字迹清晰	1～10	
		填写不完整，字迹潦草	0	
	实验准备	实验准备充分，能按要求采样	11～15	
		实验准备基本充分，能按要求采样	1～10	
		实验准备不充分，未按要求采样	0	
	原始记录	填写完整，字迹工整	11～15	
		填写不完整，字迹清晰	1～10	
		填写不完整，字迹潦草	0	
	报告单填写	填写完整，字迹工整	11～15	
		填写不完整，字迹清晰	1～10	
		填写不完整，字迹潦草	0	
合　计			100	
开始时间			结束时间	

表 1-5 教师评价表

任务名称		纸和纸板定量的测定、厚度的测定和紧度的计算		
姓 名			指导教师	
项 目		考核要求及标准	配分	分值
职业素质	出 勤	全勤	5	
		出勤不少于总课时 1/2	1 ~ 4	
		出勤少于总课时 1/2	0	
	仪容仪表	工作服装穿戴整洁；不佩戴饰品；不化妆；不穿拖鞋；不穿短裙、短裤	4	
		符合以上至少二项要求	1 ~ 3	
		不符合以上要求	0	
	工作态度	遵守纪律，积极参与学习活动	4	
		基本遵守纪律，能参与学习活动	1 ~ 3	
		不遵守纪律，不参与学习活动	0	
	工作纪律	遵守实验室规章制度	4	
		基本遵守实验室规章制度	1 ~ 3	
		不遵守实验室规章制度	0	
	安全意识	具有安全预防意识，遵守安全操作规定	4	
		具有安全预防意识，基本遵守安全操作规定	1 ~ 3	
		无安全预防意识，不遵守安全操作规定	0	
	环保意识	随时保持实验场地整洁	4	
		基本能保持实验场地整洁	1 ~ 3	
		实验场地杂乱	0	
	合作意识	合作意识强，具有团队领导能力	5	
		具有合作意识，不主动参与团队活动	1 ~ 4	
		合作意识差，不参与团队活动	0	
专业素质	任务单填写	填写完整、规范，字迹工整	5	
		填写不完整，缺乏规范性，字迹清晰	1 ~ 4	
		填写不完整，不规范	0	
	检测计划	计划制订合理、分工明确	5	
		计划制订基本合理，分工明确	1 ~ 4	
		计划制定不合理，分工不明确	0	
	实验准备	实验准备充分，能按要求校验定量仪、厚度仪	5	
		实验基本准备充分，基本能按要求校验定量仪、厚度仪	1 ~ 4	
		实验准备不充分，不能按要求校验定量仪、厚度仪	0	
	样品处理	采样正确，样品处理正确	5	
		采样基本正确，样品处理基本正确	1 ~ 4	
		采样不正确，样品处理不正确	0	

续表 1-5

项　目		考核要求及标准		配分	分值
专业素质	定量的测定	定量仪使用正确、定量的测定准确		10	
		定量仪使用基本正确、定量的测定基本准确		1 ~ 9	
		定量仪使用不正确、定量的测定不准确		0	
	厚度的测定	厚度仪使用正确、厚度的测定准确		10	
		厚度仪使用基本正确、厚度的测定基本准确		1 ~ 9	
		厚度仪使用不正确、厚度的测定不准确		0	
	紧度的计算	使用公式正确，紧度的计算正确		10	
		使用公式正确，紧度的计算误差为 ±10% ~ ±20%		1 ~ 9	
		使用公式正确，紧度的计算误差大于 ±20%		0	
	原始记录	填写真实、规范		5	
		填写真实，缺乏规范性		1 ~ 4	
		填写不真实、不规范		0	
	数据处理及误差分析	数据处理正确，绝对误差不超过平均值的 10%		10	
		数据基本处理正确，绝对误差为平均值的 10% ~15%		1 ~ 9	
		数据处理不正确，绝对误差大于平均值的 15%		0	
	报告单填写	填写完整，字迹工整		5	
		填写不完整，字迹清晰		1 ~ 4	
		填写不完整，字迹潦草		0	
合　计				100	
开始时间			结束时间		

注：如发生安全事故或出现故意毁坏仪器设备等情况，本次任务计为 0 分。

表 1-6　任务成绩

自我评价		小组评价		教师评价	
计算公式	本次任务成绩 = 自我评价 ×20% + 小组评价 ×20% + 教师评价 ×60%				
本次任务成绩					
本次任务是否发生安全事故或故意毁坏仪器设备等情况：□是　□否					

任务2　尘埃度的测定

学习目标

（1）了解成品纸的尘埃度的定义和测定意义。

（2）掌握成品纸的尘埃度的测定原理及方法。

（3）掌握标准尘埃对比图的使用方法、适用范围及注意事项。

（4）能解读国家标准 GB/T 1541—2013《纸和纸板尘埃度的测定》。

（5）能按照国家标准 GB/T 1541—2013《纸和纸板尘埃度的测定》的要求完成成品纸的尘埃度的检测；能按照计算公式处理数据，出具检测报告。

（6）能按现场 7S 及相关标准，整理现场和处理废弃物。

（7）能熟练使用电脑等工具查阅资料。

建议课时　**21 课时**

任务描述

按照国家标准 GB/T 450—2008《纸和纸板试样的采取及试样纵横向、正反面的测定》采样，按 GB/T 1541—2013《纸和纸板尘埃度的测定》进行测定。在 20W 日光灯照射角应为 60°下检查纸样，检查纸和纸板表面肉眼可见的尘埃，眼睛观察时的明视距离为 250～300mm，用不同标记圈出不同面积的尘埃。用标准尘埃对比图鉴定纸上尘埃的面积大小，也可采用按不同面积的大小，分别记录同一面积的尘埃个数，公式为：

$$N_D = \frac{M}{n} \times 16$$

式中，N_D 为尘埃度，个/m^2；M 为全部试样正反面尘埃总数，个；n 为进行尘埃测定的试样张数。

如果同一个尘埃穿透纸页，使两面均能看见时，应按两个尘埃计算；如果尘埃大于 $5.0mm^2$，或超过产品标准规定的最大值，或是黑色尘埃，则应取 $5m^2$ 试样进行测定。

相关知识

（1）尘埃。纸面上在任何照射角度下，能见到的与纸面颜色有显著区别的纤维束及其他杂质。

（2）尘埃度。每平方米面积的纸和纸板上，具有一定面积的杂质的个数，或每平方米面积的纸和纸板上杂质的等值面积（mm^2）。

尘埃度的检测结果以每平方米的尘埃面积表示时按以下公式计算,结果精确到一位小数。

$$S_D = \frac{\Sigma a_x \cdot b_x}{n} \times 16$$

式中：S_D 为每平方米的尘埃面积，mm^2/m^2，a_x 为每组面积的尘埃的个数；b_x 为每组尘埃的面积，mm^2；n 为进行尘埃测定的试样张数。

纸页的不良外观的主要原因是尘埃。例如，纸面有杂质微粒，严重地损害了纸张的外观和光泽。书写纸、印刷纸和高级包装纸，更不应有尘埃。

纸页表面的尘埃来源广而且较复杂，有的由原料带来，有的是由于蒸煮、粗选、精选工艺不当或操作不当及设备原因所造成，有的是在生产过程中混入浆料中，也有的是纸张抄成后造成。

一般尘埃有纤维性尘埃、金属性尘埃、非金属性尘埃。

1）纤维性尘埃是指与纸面颜色有明显区别的异色纤维，如草秆、黄筋等，呈黄色、棕黄色或棕褐色，还有木块、树皮、损纸带来的木屑等。

2）金属性尘埃主要有铜、铁屑等，如打浆机上的铁锈等。

3）非金属性尘埃主要有煤灰、砂粒、塑料片、树脂点等。

定期清洗有关设备、合理使用筛选设备等可以减少尘埃。

影响尘埃度检验的因素如下：1）纸张检验所用照明光线的形式（例如：是反射光还是透射光）；2）尘埃点的性质；3）尘埃点的分布频率。有些斑点用反射光比用透射光更易观察。另外一些斑点就与此相反。反射光线过多，由于眩光和内部反光，降低了能观察到的斑点数量。按照格拉夫（Graff）的意见，用一个20W的日光灯，放在离检验纸样14in（1in＝2.54cm）的地方，采用反射光检验，可以取得最大的尘埃点数量和面积。频率卡片是把尘埃点按大小进行分类，这在总结检验结果和区别尘埃的形态方面，比仅有可见斑点总数而不管其形状大小更有意义。另一方面，小尘埃的数量是总尘埃数量中的主要组成部分，但是，小尘埃的面积占总尘埃面积的比例很小。

学习活动

学习活动2.1　接受任务（建议2课时）。

学习活动2.2　制订检测计划（建议5课时）。

学习活动2.3　检测准备（建议1课时）。

学习活动2.4　实施检测（建议9课时）。

学习活动2.5　数据分析及结果报告（建议2课时）。

学习活动2.6　总结与评价（建议2课时）。

学习活动2.1　接受任务

学习目标

（1）了解成品纸的尘埃度的检测的意义。

（2）能识读任务单，明确检测任务。

（3）能解读国家标准GB 1541—2013《纸和纸板尘埃度的测定》的范围和原理。

学习过程

接受检验任务单，见表 2-1。

表 2-1　纸和纸板尘埃度的测定任务单

样品名称				样品编号	
样品性状及包装				样品数量	
样品存放条件				样品处置	
检验技术依据		GB/T 1541—2013《纸和纸板尘埃度的测定》			
测试方法和仪器					
检测地点及环境条件					
检验项目		纸和纸板尘埃度的测定			
收样日期				检测日期	
任务下达人				检验人员	
备　注	样品已领	领样人		日　期	
	检验完成	检验员		日　期	

具体参照标准：GB/T 1541—2013《纸和纸板尘埃度的测定》、GB/T 450—2008《纸和纸板试样的采取及试样纵横向、正反面的测定》、GB/T 10739—2002《纸、纸板和纸浆试样处理和试验的标准大气条件》。

阅读任务单，回答下列问题。

检测项目是：________________________________

检测依据的标准是：________________________________

检验过程中需要参考的标准是：________________________________

阅读国家标准 GB/T 1541—2013《纸和纸板尘埃度的测定》，回答问题。

（1）写出本标准的适用范围。

（2）尘埃度测定台的照明装置有何规定？

（3）为什么标准尘埃对比图应由标准化机构提供，不应使用复制品？

学习活动 2.2　制订检测计划

熟读国家标准 GB/T 1541—2013《纸和纸板尘埃度的测定》并查阅相关的资料，经小组讨论后制订出工作计划（所需设备、人员分工、时间安排、工作流程图等），并根据国家标准 GB/T 1541—2013《纸和纸板尘埃度的测定》绘制成品纸的尘埃度检测流程图并报教师审批。

学习活动 2.3　检测准备

按工作计划准备所需的检测纸张及所需要的设备（裁纸刀、尘埃度检测台、标准尘埃对比图等）。

学习活动 2.4　实施检测

按国家标准 GB/T 1541—2013《纸和纸板尘埃度的测定》和制订的工作计划校验好尘埃度测定台，按国家标准 GB/T 1541—2013《纸和纸板尘埃度的测定》及教师审批过的检测流程图进行成品纸的尘埃度的检测。

学习活动 2.5　数据分析及结果报告

记录原始数据，填写原始记录，按相关公式计算出成品纸的尘埃度。自行设计并填写分析报告。

学习活动 2.6　总结与评价

学习目标

（1）能分析总结试样采取、样品前处理情况、尘埃度台使用情况、标准尘埃对比图情况、尘埃度的测定情况及数据处理结果。

（2）能根据评价标准进行客观评价。

学习过程

（1）样品前处理过程中的注意事项有哪些？

（2）在尘埃度计算公式中为什么要乘 16？

（3）标准尘埃对比图使用应注意哪些问题？

（4）组长对组员化验结果进行总结。

（5）自评、互评、教师评价，根据评价标准进行打分填入表 2-2 ~ 表 2-5。

表 2-2　学生自我评价表

任务名称		纸和纸板尘埃度的测定			
姓　名			指导教师		
项　目		考核要求及标准		配分	分值
职业素质	出　勤	全勤		15	
		出勤不少于总课时 1/2		5 ~ 14	
		出勤少于总课时 1/2		0	
	仪容仪表	工作服装穿戴整洁；不佩戴饰品；不化妆；不穿拖鞋；不穿短裙、短裤		11 ~ 15	
		符合以上至少三项要求		1 ~ 10	
		不符合以上要求		0	
	工作态度	遵守纪律，积极参与学习活动		11 ~ 15	
		基本遵守纪律，能参与学习活动		1 ~ 10	
		不遵守纪律，不参与学习活动		0	
	环保意识	随时保持实验场地整洁		11 ~ 15	
		基本能保持实验场地整洁		1 ~ 10	
		实验场地杂乱		0	

续表 2-2

项目		考核要求及标准	配分	分值
专业能力	任务单填写	填写完整，字迹工整	6～10	
		填写不完整，字迹清晰	1～5	
		填写不完整，字迹潦草	0	
	原始记录	填写完整，字迹工整	11～15	
		填写不完整，字迹清晰	1～10	
		填写不完整，字迹潦草	0	
	报告单填写	填写完整，字迹工整	11～15	
		填写不完整，字迹清晰	1～10	
		填写不完整，字迹潦草	0	
合计			100	
开始时间			结束时间	

表 2-3 小组评价表

任务名称		纸和纸板尘埃度的测定		
姓名			指导教师	
项目		考核要求及标准	配分	分值
职业素质	出勤	全勤	10	
		出勤不少于总课时 1/2	1～9	
		出勤少于总课时 1/2	0	
	仪容仪表	工作服装穿戴整洁；不佩戴饰品；不化妆；不穿拖鞋；不穿短裙、短裤	5	
		符合以上至少二项要求	1～4	
		不符合以上要求	0	
	工作态度	遵守纪律，积极参与学习活动	5	
		基本遵守纪律，能参与学习活动	1～4	
		不遵守纪律，不参与学习活动	0	
	安全意识	具有安全预防意识，遵守安全操作规定	5	
		具有安全预防意识，基本遵守安全操作规定	1～4	
		无安全预防意识，不遵守安全操作规定	0	
	环保意识	随时保持实验场地整洁	5	
		基本能保持实验场地整洁	1～4	
		实验场地杂乱	0	
	合作意识	合作意识强，具有团队领导能力	10	
		具有合作意识，不主动参与团队活动	1～9	
		合作意识差，不参与团队活动	0	

续表 2-3

项　目		考核要求及标准		配分	分值
专业素质	任务单填写	填写完整，字迹工整		11 ~ 15	
		填写不完整，字迹清晰		1 ~ 10	
		填写不完整，字迹潦草		0	
	实验准备	实验准备充分，能按要求采样		11 ~ 15	
		实验准备基本充分，能按要求采样		1 ~ 10	
		实验准备不充分，未按要求采样		0	
	原始记录	填写完整，字迹工整		11 ~ 15	
		填写不完整，字迹清晰		1 ~ 10	
		填写不完整，字迹潦草		0	
	报告单填写	填写完整，字迹工整		11 ~ 15	
		填写不完整，字迹清晰		1 ~ 10	
		填写不完整，字迹潦草		0	
合　计				100	
开始时间			结束时间		

表 2-4　教师评价表

任务名称		纸和纸板尘埃度的测定			
姓　名			指导教师		
项　目		考核要求及标准		配分	分值
职业素质	出　勤	全勤		5	
		出勤不少于总课时 1/2		1 ~ 4	
		出勤少于总课时 1/2		0	
	仪容仪表	工作服装穿戴整洁；不佩戴饰品；不化妆；不穿拖鞋；不穿短裙、短裤		4	
		符合以上至少二项要求		1 ~ 3	
		不符合以上要求		0	
	工作态度	遵守纪律，积极参与学习活动		4	
		基本遵守纪律，能参与学习活动		1 ~ 3	
		不遵守纪律，不参与学习活动		0	
	工作纪律	遵守实验室规章制度		4	
		基本遵守实验室规章制度		1 ~ 3	
		不遵守实验室规章制度		0	
	安全意识	具有安全预防意识，遵守安全操作规定		4	
		具有安全预防意识，基本遵守安全操作规定		1 ~ 3	
		无安全预防意识，不遵守安全操作规定		0	
	环保意识	随时保持实验场地整洁		4	
		基本能保持实验场地整洁		1 ~ 3	
		实验场地杂乱		0	
	合作意识	合作意识强，具有团队领导能力		5	
		具有合作意识，不主动参与团队活动		1 ~ 4	
		合作意识差，不参与团队活动		0	

续表 2-4

项　目		考核要求及标准	配分	分值
专业素质	任务单填写	填写完整、规范，字迹工整	5	
		填写不完整，缺乏规范性，字迹清晰	1 ~ 4	
		填写不完整，不规范	0	
	检测计划	计划制订合理、分工明确	5	
		计划制订基本合理，分工明确	1 ~ 4	
		计划制定不合理，分工不明确	0	
	实验准备	实验准备充分，能按要求检查尘埃度检测台	5	
		实验基本准备充分，基本能按要求检查尘埃度检测台	1 ~ 4	
		实验准备不充分，不能按要求检查尘埃度检测台	0	
	样品处理	采样正确，样品处理正确	6 ~ 10	
		采样基本正确，样品处理基本正确	1 ~ 5	
		采样不正确，样品处理不正确	0	
	尘埃度的测定	尘埃度测定台使用正确、尘埃度的测定准确	10 ~ 15	
		尘埃度测定台使用基本正确、尘埃度的测定基本准确	1 ~ 9	
		尘埃度测定台使用不正确、尘埃度的测定不准确	0	
	尘埃度的计算	使用公式正确，尘埃度的计算准确	10	
		使用公式正确，尘埃度的计算误差为 ±10% ~ ±20%	1 ~ 9	
		使用公式正确，尘埃度的计算误差大于 ±20%	0	
	原始记录	填写真实、规范	5	
		填写真实，缺乏规范性	1 ~ 4	
		填写不真实、不规范	0	
	数据处理及误差分析	数据处理正确，绝对误差不超过平均值的 10%	10	
		数据基本处理正确，绝对误差为平均值的 10% ~15%	1 ~ 9	
		数据处理不正确，绝对误差大于平均值的 15%	0	
	报告单填写	填写完整，字迹工整	5	
		填写不完整，字迹清晰	1 ~ 4	
		填写不完整，字迹潦草	0	
合　计			100	
开始时间			结束时间	

注：如发生安全事故或出现故意毁坏仪器设备等情况，本次任务计为 0 分。

表 2-5　任务成绩

自我评价		小组评价		教师评价	
计算公式	本次任务成绩 = 自我评价 ×20% + 小组评价 ×20% + 教师评价 ×60%				
本次任务成绩					
本次任务是否发生安全事故或故意毁坏仪器设备等情况：□是　□否					

任务3 施胶度的测定（墨水划线法）

学习目标

（1）了解成品纸施胶度的定义和测定意义。

（2）掌握施胶度（墨水划线法）的测定原理及方法。

（3）掌握直线笔（鸭嘴笔）、施胶度墨水渗透扩散比较板的使用方法、适用范围及注意事项。

（4）能解读国家标准 GB/T 460—2008《纸施胶度的测定》。

（5）能按国家标准 GB/T 460—2008《纸施胶度的测定》的要求完成成品纸的施胶度（墨水划线法）的检测并出具检测报告。

（6）能按现场 7S 及相关标准，整理现场和处理废弃物。

（7）能熟练使用电脑等工具查阅资料。

建议课时 **32 课时**

任务描述

按国标 GB/T 450—2008《纸和纸板试样的采取及试样纵横向、正反面的测定》采样，按 GB/T 460—2008《纸施胶度的测定》进行测定。本课程仅要求使用墨水划线法测定纸的施胶度。墨水划线法测定纸的施胶度是将处理后的试样平铺于一块玻璃板上，将调整好宽度的划线器或直线笔注满墨水，如果采用划线器，应将划线器置于试样上，沿与纸幅纵向成45°的方向以 10cm/s 的速度划一条约 10cm 长的直线。如果直接采用直线笔，应使笔与玻璃板保持45°，并对试样施加轻微压力，以可划出直线为准。若墨水不扩散或不渗透，则增大笔的宽度，划出大于标准宽度的直线若干条，直至发生扩散或渗透；若墨水扩散或渗透，则减小笔的宽度，划出小于标准宽度的直线若干条，直至不发生扩散或渗透，以正反面试验结果全部合格的最大宽度来表示纸的施胶度。

相关知识

（1）施胶度。用于评定纸张的抗水性能的指标。采用墨水划线法测定纸的施胶度以特殊墨水划线时，纸面不扩散也不渗透的线条最大宽度（单位为毫米）表示。检验方法是用划线器或直线笔与纸幅的纵向（或横向）成45°的方向，以匀速于 2～3s 间划长 10cm 线条。其宽度从 0.25mm 开始，渐增至 2.0mm。检查两面之不扩散与不渗透。以全部合格的最大宽度表示施胶度，如通常将各种书写纸、记录纸等列为重施胶纸，施胶度在1.0～2.0mm；胶版印刷纸、绘图纸、打字纸等列为轻施胶纸，施胶度0.25～0.75mm；而新闻纸、卷烟纸、滤纸、吸墨纸等则是不施胶纸，没有施胶度。纸的抗水性越强，施胶度越大。

（2）施胶的目的及作用。施胶指使纸或纸板取得抗水性能的加工程序。施胶的目的主要是使纸和纸板具有抗拒液体（特别是水和水溶液）扩散和渗透的能力，以适宜于书写或防潮抗湿。

（3）施胶方法。施胶方法有两种，分别是内部施胶（或称纸内施胶）和表面施胶。内部施胶是在打浆或配料时，将施胶剂混合于纸浆内，使纤维吸附胶质，再抄成纸张。内部施胶是制造一般品种常用的方法。表面施胶是在纸页干燥时，将施胶剂喷涂在已经形成的纸页上。表面施胶能增加纸的耐水性，改进其硬度和强度，用于制造钞票纸、证券纸、纸牌纸等特殊品种。

（4）纸张施胶度的测量方法。常用的有墨水划线法和液体渗透法。液体渗透法的测定原理是以标准溶液透过纸页所需的时间（s）来评价纸的抗水性能。

学习活动

学习活动3.1　接受任务（建议4课时）。
学习活动3.2　制订检测计划（建议7课时）。
学习活动3.3　检测准备（建议2课时）。
学习活动3.4　实施检测（建议12课时）。
学习活动3.5　数据分析及结果报告（建议4课时）。
学习活动3.6　总结与评价（建议3课时）。

学习活动3.1　接受任务

学习目标

（1）了解成品纸施胶度检测的意义。

（2）能识读任务单，明确检测任务。

（3）能解读国家标准GB/T 460—2008《纸施胶度的测定》的范围和原理。本课程仅学习标准中的方法A墨水划线法。

学习过程

接受检验任务单，见表3-1。

具体参照标准：GB/T 460—2008《纸施胶度的测定》、GB/T 450—2008《纸和纸板试样的采取及试样纵横向、正反面的测定》、GB/T 10739—2002《纸、纸板和纸浆试样处理和试验的标准大气条件》。

表 3-1　纸施胶度的测定（墨水划线法）

<table>
<tr><td colspan="2">样品名称</td><td colspan="2"></td><td>样品编号</td><td></td></tr>
<tr><td colspan="2">样品性状及包装</td><td colspan="2"></td><td>样品数量</td><td></td></tr>
<tr><td colspan="2">样品存放条件</td><td colspan="2"></td><td>样品处置</td><td></td></tr>
<tr><td colspan="2">检验技术依据</td><td colspan="4">GB/T 460—2008《纸施胶度的测定》</td></tr>
<tr><td colspan="2">测试方法和仪器</td><td colspan="4"></td></tr>
<tr><td colspan="2">检测地点及环境条件</td><td colspan="4"></td></tr>
<tr><td colspan="2">检验项目</td><td colspan="4">纸施胶度的测定（墨水划线法）</td></tr>
<tr><td colspan="2">收样日期</td><td colspan="2"></td><td>检测日期</td><td></td></tr>
<tr><td colspan="2">任务下达人</td><td colspan="2"></td><td>检验人员</td><td></td></tr>
<tr><td rowspan="2">备　注</td><td>样品已领</td><td>领样人</td><td></td><td>日　期</td><td></td></tr>
<tr><td>检验完成</td><td>检验员</td><td></td><td>日　期</td><td></td></tr>
</table>

阅读任务单，回答下列问题。

检测项目是：________________

检测依据的标准是：________________

检验过程中需要参考的标准是：________________

阅读国家标准 GB/T 460—2008《纸施胶度的测定》，回答问题。

（1）写出本标准的适用范围。

（2）对划线器或直线笔有什么要求？

（3）如何调整划线器或直线笔的宽度？

（4）划线器为什么要沿与纸幅纵向成45°的方向划线？

（5）如果直接采用直线笔划线，为什么“只对试样施加轻微压力，以可划出直线为准”？

（6）为什么线条两端各 1.5cm 内不作为鉴定依据？

（7）为什么要以正反面试验结果全部合格的最大宽度来表示纸和纸板的施胶度？

（8）比较墨水划线法和液体渗透法测定线的施胶度的原理。

学习活动 3.2　制订检测计划

熟读国家标准 GB/T 460—2008《纸施胶度的测定》并查阅相关的资料，经小组讨论后制订出工作计划（所需设备、人员分工、时间安排、工作流程图等）；并根据国家标准 GB/T 460—2008《纸施胶度的测定》绘制成品纸的施胶度检测流程图并报教师审批。

学习活动 3.3　检测准备

按工作计划准备所需的检测纸张及所需要的设备（裁纸刀、专用墨水、划线器或直线笔、标准施胶度对比板等）。

学习活动 3.4　实施检测

按国家标准 GB/T 460—2008《纸施胶度的测定》和制订的工作计划校验好划线器或直线笔，按国家标准 GB/T 460—2008《纸施胶度的测定》及教师审批过的检测流程图进行成品纸的施胶度的检测。

学习活动 3.5　数据分析及结果报告

记录原始数据，填写原始记录，记录成品纸的施胶度。自行设计并填写分析报告。

学习活动 3.6　总结与评价

学习目标

（1）能分析总结试样采取、样品前处理情况、划线器或直线笔使用情况、施胶度的测定情况、施胶度合格判断的情况及数据处理结果。

（2）能根据评价标准进行客观评价。

学习过程

（1）样品前处理过程中的注意事项有哪些？

（2）对使用 AKD 施胶的纸在测定其施胶度前为什么要在 105℃烘箱中烘 15min？

（3）在划线和施胶度合格判定时要注意哪些问题？

（4）组长对组员化验结果进行总结。

（5）自评、互评、教师评价，根据评价标准进行打分，填入表3-2～表3-5。

表3-2　学生自我评价表

任务名称		纸施胶度的测定（墨水划线法）		
姓　名			指导教师	
项　目		考核要求及标准	配分	分值
职业素质	出　勤	全勤	15	
		出勤不少于总课时1/2	5～14	
		出勤少于总课时1/2	0	
	仪容仪表	工作服装穿戴整洁；不佩戴饰品；不化妆；不穿拖鞋；不穿短裙、短裤	11～15	
		符合以上至少三项要求	1～10	
		不符合以上要求	0	
	工作态度	遵守纪律，积极参与学习活动	11～15	
		基本遵守纪律，能参与学习活动	1～10	
		不遵守纪律，不参与学习活动	0	
	环保意识	随时保持实验场地整洁	11～15	
		基本能保持实验场地整洁	1～10	
		实验场地杂乱	0	
专业能力	任务单填写	填写完整，字迹工整	6～10	
		填写不完整，字迹清晰	1～5	
		填写不完整，字迹潦草	0	
	原始记录	填写完整，字迹工整	11～15	
		填写不完整，字迹清晰	1～10	
		填写不完整，字迹潦草	0	
	报告单填写	填写完整，字迹工整	11～15	
		填写不完整，字迹清晰	1～10	
		填写不完整，字迹潦草	0	
合　计			100	
开始时间			结束时间	

表 3-3　小组评价表

任务名称		纸施胶度的测定（墨水划线法）		
姓　名			指导教师	
项　目		考核要求及标准	配分	分值
职业素质	出　勤	全勤	10	
		出勤不少于总课时 1/2	1 ~ 9	
		出勤少于总课时 1/2	0	
	仪容仪表	工作服装穿戴整洁；不佩戴饰品；不化妆；不穿拖鞋；不穿短裙、短裤	5	
		符合以上至少二项要求	1 ~ 4	
		不符合以上要求	0	
	工作态度	遵守纪律，积极参与学习活动	5	
		基本遵守纪律，能参与学习活动	1 ~ 4	
		不遵守纪律，不参与学习活动	0	
	安全意识	具有安全预防意识，遵守安全操作规定	5	
		具有安全预防意识，基本遵守安全操作规定	1 ~ 4	
		无安全预防意识，不遵守安全操作规定	0	
	环保意识	随时保持实验场地整洁	5	
		基本能保持实验场地整洁	1 ~ 4	
		实验场地杂乱	0	
	合作意识	合作意识强，具有团队领导能力	10	
		具有合作意识，不主动参与团队活动	1 ~ 9	
		合作意识差，不参与团队活动	0	
专业素质	任务单填写	填写完整，字迹工整	11 ~ 15	
		填写不完整，字迹清晰	1 ~ 10	
		填写不完整，字迹潦草	0	
	实验准备	实验准备充分，能按要求采样	11 ~ 15	
		实验准备基本充分，能按要求采样	1 ~ 10	
		实验准备不充分，未按要求采样	0	
	原始记录	填写完整，字迹工整	11 ~ 15	
		填写不完整，字迹清晰	1 ~ 10	
		填写不完整，字迹潦草	0	
	报告单填写	填写完整，字迹工整	11 ~ 15	
		填写不完整，字迹清晰	1 ~ 10	
		填写不完整，字迹潦草	0	
合　计			100	
开始时间			结束时间	

表 3-4　教师评价表

任务名称		纸施胶度的测定（墨水划线法）		
姓　名			指导教师	
项　目		考核要求及标准	配分	分值
职业素质	出　勤	全勤	5	
		出勤不少于总课时 1/2	1 ~ 4	
		出勤少于总课时 1/2	0	
	仪容仪表	工作服装穿戴整洁；不佩戴饰品；不化妆；不穿拖鞋；不穿短裙、短裤	4	
		符合以上至少二项要求	1 ~ 3	
		不符合以上要求	0	
	工作态度	遵守纪律，积极参与学习活动	4	
		基本遵守纪律，能参与学习活动	1 ~ 3	
		不遵守纪律，不参与学习活动	0	
	工作纪律	遵守实验室规章制度	4	
		基本遵守实验室规章制度	1 ~ 3	
		不遵守实验室规章制度	0	
	安全意识	具有安全预防意识，遵守安全操作规定	4	
		具有安全预防意识，基本遵守安全操作规定	1 ~ 3	
		无安全预防意识，不遵守安全操作规定	0	
	环保意识	随时保持实验场地整洁	4	
		基本能保持实验场地整洁	1 ~ 3	
		实验场地杂乱	0	
	合作意识	合作意识强，具有团队领导能力	5	
		具有合作意识，不主动参与团队活动	1 ~ 4	
		合作意识差，不参与团队活动	0	
专业素质	任务单填写	填写完整、规范，字迹工整	5	
		填写不完整，缺乏规范性，字迹清晰	1 ~ 4	
		填写不完整，不规范	0	
	检测计划	计划制订合理、分工明确	5	
		计划制订基本合理，分工明确	1 ~ 4	
		计划制定不合理，分工不明确	0	
	实验准备	实验准备充分，能按要求准备纸、墨水、划线笔	5	
		实验基本准备充分，基本能按要求准备纸、墨水、划线笔	1 ~ 4	
		实验准备不充分，不能按要求准备纸、墨水、划线笔	0	
	样品处理	采样正确，样品处理正确	6 ~ 10	
		采样基本正确，样品处理基本正确	1 ~ 5	
		采样不正确，样品处理不正确	0	

续表 3-4

项　目		考核要求及标准	配分	分值
专业素质	施胶度的测定	划线笔使用正确、施胶度的测定准确	11~15	
		划线笔使用基本正确、施胶度的测定基本准确	1~10	
		划线笔使用不正确、施胶度的测定不准确	0	
	施胶度的判定	施胶度的判定正确	10	
		施胶度的判定误差为 ±10% ~ ±20%	1~9	
		施胶度的判定误差大于 ±20%	0	
	原始记录	填写真实、规范	5	
		填写真实，缺乏规范性	1~4	
		填写不真实、不规范	0	
	数据处理及误差分析	数据处理正确，绝对误差不超过平均值的 10%	10	
		数据基本处理正确，绝对误差为平均值的 10% ~15%	1~9	
		数据处理不正确，绝对误差大于平均值的 15%	0	
	报告单填写	填写完整，字迹工整	5	
		填写不完整，字迹清晰	1~4	
		填写不完整，字迹潦草	0	
合　计			100	
开始时间		结束时间		

注：如发生安全事故或出现故意毁坏仪器设备等情况，本次任务计为 0 分。

表 3-5　任务成绩

自我评价		小组评价		教师评价	
计算公式	本次任务成绩 = 自我评价 ×20% + 小组评价 ×20% + 教师评价 ×60%				
本次任务成绩					
本次任务是否发生安全事故或故意毁坏仪器设备等情况：□是　□否					

任务4 吸水性的测定（可勃法）

学习目标

（1）了解成品纸吸水性的检测方法和测定意义。

（2）掌握纸和纸板吸水性（可勃法）的测定原理及方法。

（3）掌握可勃吸水性试验仪的使用方法、注意事项、维护及校验。

（4）能解读国家标准 GB/T 1540—2002《纸和纸板吸水性的测定（可勃法）》。

（5）能按国家标准 GB/T 1540—2002《纸和纸板吸水性的测定（可勃法）》的要求完成成品纸吸水性（可勃值）的检测并出具检测报告。

（6）能按现场7S及相关标准，整理现场和处理废弃物。

（7）能熟练使用电脑等工具查阅资料。

建议课时

32 课时

任务描述

按国标 GB/T 450—2008《纸和纸板试样的采取及试样纵横向、正反面的测定》采样，使用可勃吸收性试验仪（翻转式或是平压式均可），按 GB/T 1540—2002《纸和纸板吸水性的测定（可勃法）》对纸样进行测定，然后按以下公式计算：

$$C = (m_2 - m_1) \times 100$$

式中，C 为可勃值，g/m^2；m_2 为吸水后称出的试样质量，g；m_1 为吸水前称出的试样质量，g。

相关知识

（1）可勃值（cobb value）。可勃值是指在一定条件下，在规定的时间内，单位面积纸和纸板表面所吸收的水的质量，单位为 g/m^2。

（2）纸张的吸水性与纸张表面涂布有关，与纸张施胶度有关。使用可勃法测定纸张吸水性其实是从另一方面来检测纸张的抗水性。纸张的吸水性和纸张的水分是两个不同的概念。

纸是由纤维、胶料、填料和色料组成。其中纤维本身有极强的吸水性，而且纤维与纤维之间有间隙（毛细管吸收水分）。纸张里面有大量的毛细孔，水和纸接触后，因为表面张力，水就会充满纸张内的毛细孔内。

（3）水渗透到纸页内部的速度和程度在表面化学中称为“毛细现象”。液体向纸页内部渗透的方式有：1）毛细作用穿过孔隙；2）扩散穿过孔隙；3）扩散穿过纤维紧密部分；4）采用蒸发、气相扩散和冷凝形式渗透。

（4）纸张表面必须有大的接触角或小的毛细管半径，才会发生毛细渗透作用。纸张的孔隙半径可以通过成膜物质在施胶压榨时得以降低。

（5）纸和纸板的可勃值越小，吸水性能越差，抗水性能越好。提高纸和纸板的抗水性能可以采取施胶、涂布等方法。内部施胶由于加了抗水胶体物质到浆中，经沉淀和干燥之后就能降低水渗透进毛细孔的速度，使液体的接触角增大，渗透和扩散速度降低，使抗水性能增加。表面施胶或涂布可以在纸和纸板表面形成疏水层覆膜提高其抗水性能。

学习活动

学习活动4.1　接受任务（建议4课时）。
学习活动4.2　制订检测计划（建议7课时）。
学习活动4.3　检测准备（建议2课时）。
学习活动4.4　实施检测（建议12课时）。
学习活动4.5　数据分析及结果报告（建议4课时）。
学习活动4.6　总结与评价（建议3课时）。

学习活动4.1　接受任务

学习目标

（1）了解纸和纸板吸水性的检测意义。
（2）能识读任务单，明确检测任务。
（3）能解读国家标准GB/T 1540—2002《纸和纸板吸水性的测定（可勃法）》的适用范围和原理。

学习过程

接受检验任务单，见表4-1。

表4-1　纸和纸板吸水性的测定（可勃法）任务单

样品名称		样品编号	
样品性状及包装		样品数量	
样品存放条件		样品处置	
检验技术依据	GB/T 1540—2002《纸和纸板吸水性的测定（可勃法）》		
测试方法和仪器			
检测地点及环境条件			

续表 4-1

检验项目		纸和纸板吸水性的测定（可勃法）			
收样日期				检测日期	
任务下达人				检验人员	
备　注	样品已领	领样人		日　期	
	检验完成	检验员		日　期	

具体参照标准：GB/T 1540—2002《纸和纸板吸水性的测定（可勃法）》、GB/T 450—2008《纸和纸板试样的采取及试样纵横向、正反面的测定》、GB/T 10739—2002《纸、纸板和纸浆试样处理和试验的标准大气条件》。

阅读任务单，回答下列问题。

检测项目是：______________________________

检测依据的标准是：______________________________

检验过程中需要参考的标准是：______________________________

阅读国家标准 GB/T 1540—2002《纸和纸板吸水性的测定（可勃法）》，回答问题。

（1）写出本标准的适用范围。

（2）实验用金属圆筒有什么要求，为什么？

（3）对实验用水有什么要求？为什么要使用蒸馏水或去离子水？

（4）本实验的实验原理是什么？

（5）为什么“每测试5次后，应更换测试用水”？

学习活动4.2　制订检测计划

熟读国家标准GB/T 1540—2002《纸和纸板吸水性的测定（可勃法）》并查阅相关的资料，经小组讨论后制订出工作计划（所需设备、人员分工、时间安排、工作流程图等）；并根据国家标准GB/T 1540—2002《纸和纸板吸水性的测定（可勃法）》绘制成品纸的吸水性检测流程图并报教师审批。

学习活动4.3　检测准备

按工作计划准备所需的检测纸张及所需要的设备（裁纸刀、蒸馏水、吸水纸、可勃吸收性试验仪等）。

学习活动4.4　实施检测

按国家标准GB/T 1540—2002《纸和纸板吸水性的测定（可勃法）》和制订的工作计划校验好可勃吸收性试验仪，按国家标准GB/T 1540—2002《纸和纸板吸水性的测定（可勃法）》及教师审批过的检测流程图进行成品纸的吸水性（可勃值）检测。

学习活动4.5　数据分析及结果报告

记录原始数据，填写原始记录，按相关公式计算出成品纸的吸水性（可勃值）。自行设计并填写分析报告。

学习活动4.6　总结与评价

学习目标

（1）能分析总结试样采取、样品前处理情况、可勃吸收性试验仪使用情况、吸水性的测定情况及数据处理结果。

（2）能根据评价标准进行客观评价。

学习过程

（1）样品前处理过程中的注意事项有哪些？

（2）使用可勃吸收性试验仪为防止水的渗漏应如何做？

（3）对比施胶度（划线法）和吸水性（可勃法）的适用范围。

（4）组长对组员化验结果进行总结。

（5）自评、互评、教师评价，根据评价标准进行打分，填入表4-2～表4-5。

表4-2　学生自我评价表

任务名称		纸和纸板吸水性（可勃法）的测定		
姓　名			指导教师	
项　目		考核要求及标准	配分	分值
职业素质	出　勤	全勤	15	
		出勤不少于总课时1/2	5～14	
		出勤少于总课时1/2	0	
	仪容仪表	工作服装穿戴整洁；不佩戴饰品；不化妆；不穿拖鞋；不穿短裙、短裤	11～15	
		符合以上至少三项要求	1～10	
		不符合以上要求	0	
	工作态度	遵守纪律，积极参与学习活动	11～15	
		基本遵守纪律，能参与学习活动	1～10	
		不遵守纪律，不参与学习活动	0	
	环保意识	随时保持实验场地整洁	11～15	
		基本能保持实验场地整洁	1～10	
		实验场地杂乱	0	

续表4-2

项　目		考核要求及标准	配分	分值
专业能力	任务单填写	填写完整，字迹工整	6~10	
		填写不完整，字迹清晰	1~5	
		填写不完整，字迹潦草	0	
	原始记录	填写完整，字迹工整	11~15	
		填写不完整，字迹清晰	1~10	
		填写不完整，字迹潦草	0	
	报告单填写	填写完整，字迹工整	11~15	
		填写不完整，字迹清晰	1~10	
		填写不完整，字迹潦草	0	
合　计			100	
开始时间		结束时间		

表4-3　小组评价表

任务名称		纸和纸板吸水性（可勃法）的测定		
姓　名		指导教师		
项　目		考核要求及标准	配分	分值
职业素质	出　勤	全勤	10	
		出勤不少于总课时1/2	1~9	
		出勤少于总课时1/2	0	
	仪容仪表	工作服装穿戴整洁；不佩戴饰品；不化妆；不穿拖鞋；不穿短裙、短裤	5	
		符合以上至少二项要求	1~4	
		不符合以上要求	0	
	工作态度	遵守纪律，积极参与学习活动	5	
		基本遵守纪律，能参与学习活动	1~4	
		不遵守纪律，不参与学习活动	0	
	安全意识	具有安全预防意识，遵守安全操作规定	5	
		具有安全预防意识，基本遵守安全操作规定	1~4	
		无安全预防意识，不遵守安全操作规定	0	
	环保意识	随时保持实验场地整洁	5	
		基本能保持实验场地整洁	1~4	
		实验场地杂乱	0	
	合作意识	合作意识强，具有团队领导能力	10	
		具有合作意识，不主动参与团队活动	1~9	
		合作意识差，不参与团队活动	0	
专业素质	任务单填写	填写完整，字迹工整	11~15	
		填写不完整，字迹清晰	1~10	
		填写不完整，字迹潦草	0	
	实验准备	实验准备充分，能按要求采样	11~15	
		实验准备基本充分，能按要求采样	1~10	
		实验准备不充分，未按要求采样	0	
	原始记录	填写完整，字迹工整	11~15	
		填写不完整，字迹清晰	1~10	
		填写不完整，字迹潦草	0	
	报告单填写	填写完整，字迹工整	11~15	
		填写不完整，字迹清晰	1~10	
		填写不完整，字迹潦草	0	
合　计			100	
开始时间		结束时间		

表4-4　教师评价表

任务名称		纸和纸板吸水性（可勃法）的测定		
姓　名			指导教师	
项　目		考核要求及标准	配分	分值
职业素质	出　勤	全勤	5	
		出勤不少于总课时1/2	1~4	
		出勤少于总课时1/2	0	
	仪容仪表	工作服装穿戴整洁；不佩戴饰品；不化妆；不穿拖鞋；不穿短裙、短裤	4	
		符合以上至少二项要求	1~3	
		不符合以上要求	0	
	工作态度	遵守纪律，积极参与学习活动	4	
		基本遵守纪律，能参与学习活动	1~3	
		不遵守纪律，不参与学习活动	0	
	工作纪律	遵守实验室规章制度	4	
		基本遵守实验室规章制度	1~3	
		不遵守实验室规章制度	0	
	安全意识	具有安全预防意识，遵守安全操作规定	4	
		具有安全预防意识，基本遵守安全操作规定	1~3	
		无安全预防意识，不遵守安全操作规定	0	
	环保意识	随时保持实验场地整洁	4	
		基本能保持实验场地整洁	1~3	
		实验场地杂乱	0	
	合作意识	合作意识强，具有团队领导能力	5	
		具有合作意识，不主动参与团队活动	1~4	
		合作意识差，不参与团队活动	0	
专业素质	任务单填写	填写完整、规范，字迹工整	5	
		填写不完整，缺乏规范性，字迹清晰	1~4	
		填写不完整，不规范	0	
	检测计划	计划制订合理、分工明确	5	
		计划制订基本合理，分工明确	1~4	
		计划制定不合理，分工不明确	0	
	实验准备	实验准备充分，能按要求能按要求准备水、吸水纸、可勃吸收性试验仪	5	
		实验基本准备充分，基本能按要求能按要求准备水、吸水纸、可勃吸收性试验仪	1~4	
		实验准备不充分，不能按要求检查可勃吸收性试验仪	0	
	样品处理	采样正确，样品处理正确	6~10	
		采样基本正确，样品处理基本正确	1~5	
		采样不正确，样品处理不正确	0	

续表 4-4

项　目		考核要求及标准	配分	分值
专业素质	吸水性的测定	可勃吸收性试验仪使用正确、吸水性的测定准确	11 ~ 15	
		可勃吸收性试验仪使用基本正确、吸水性的测定基本准确	1 ~ 10	
		可勃吸收性试验仪使用不正确、吸水性的测定不准确	0	
	可勃值的计算	使用公式正确，可勃值的计算准确	10	
		使用公式正确，可勃值的计算误差为 ±10% ~ ±20%	1 ~ 9	
		使用公式正确，可勃值的计算误差大于 ±20%	0	
	原始记录	填写真实、规范	5	
		填写真实，缺乏规范性	1 ~ 4	
		填写不真实、不规范	0	
	数据处理及误差分析	数据处理正确，绝对误差不超过平均值的 10%	10	
		数据基本处理正确，绝对误差为平均值的 10% ~15%	1 ~ 9	
		数据处理不正确，绝对误差大于平均值的 15%	0	
	报告单填写	填写完整，字迹工整	5	
		填写不完整，字迹清晰	1 ~ 4	
		填写不完整，字迹潦草	0	
合　计			100	
开始时间		结束时间		

注：如发生安全事故或出现故意毁坏仪器设备等情况，本次任务计为 0 分。

表 4-5　任务成绩

自我评价		小组评价		教师评价	
计算公式	本次任务成绩 = 自我评价 ×20% + 小组评价 ×20% + 教师评价 ×60%				
本次任务成绩					
本次任务是否发生安全事故或故意毁坏仪器设备等情况：□是　□否					

任务5 平滑度的测定（别克法）

学习目标

（1）了解成品纸平滑度的定义和测定意义。

（2）掌握纸和纸板平滑度（别克法）的测定原理及方法。

（3）掌握平滑度仪的使用方法、注意事项、维护及校验。

（4）能解读国家标准 GB/T 456—2002《纸和纸板平滑度的测定（别克法）》。

（5）能按国家标准 GB/T 456—2002《纸和纸板平滑度的测定（别克法）》的要求完成成品纸平滑度（别克法）的检测并出具检测报告。

（6）能按现场 7S 及相关标准，整理现场和处理废弃物。

（7）能熟练使用电脑等工具查阅资料。

建议课时 **32 课时**

任务描述

按国标 GB/T 450—2008《纸和纸板试样的采取及试样纵横向、正反面的测定》采样，按 GB/T 456—2002《纸和纸板平滑度的测定（别克法）》进行测定。测试时，将试样的测量面贴向玻璃板放置，然后将胶垫与上压板放在试样上，施加(100 ± 2)kPa 的压力，并在大真空容器中产生 50. 66kPa 的真空。测量并记录真空度从 50. 66kPa 降到 48. 00kPa 所需的时间，以 s 表示。如时间超过 300s，则改用小容积，用另外的试样重新测试。如时间小于 15s，则用另外的试样测试真空度从 50. 66kPa 降到 29. 33kPa 所需的时间。试样从加载荷起到计时开始的时间约为 60s。

相关知识

（1）平滑度（smoothness）。在特定的接触状态和一定的压差下，试样面和环形板面之间由大气泄入一定量空气所需的时间，以 s 表示。

（2）平滑度是评价纸或纸板表面凸凹程度特性的一个指标，对印刷用纸非常重要，它影响印刷油墨的均一转移。纸或纸板的平滑度受纤维形态、纸浆打浆度、造纸用网和毛毯的织造方法、湿压的压力和有无压光、加填和涂布等因素的影响。平滑度差的纸张，印刷后可能出现网点印刷不实，发虚现象。

（3）常用的测量纸张平滑度的仪器为别克式平滑度仪。原理为在一定真空度下，使一定容积的空气量在一定压力下通过试样表面和玻璃面之间的间隙所需的时间，单位为

s。纸张表面平滑度越高，空气流入的时间就越长；反之，平滑度低，空气流入的时间就短。

(4) 纸张平滑度是评价纸张表面凹凸程度的一项指标。印刷平滑度在纸张上获得忠实于原稿的印刷品的首要条件。它决定了在压印瞬间，纸张表面与着墨的印版或橡皮布表面接触的程度，是影响油墨转移是否全面，图文是否清晰的重要因素。

印刷平滑度会影响印刷品的其中三大点：

1) 油墨需要量，即达到一定印刷密度，纸面或版面所需的油墨量。纸张越粗糙，要达到一定的密度，版上所需的墨膜越厚，这将增加印品的不均匀性和透印性，影响网点质量，增加机械性网点增大的可能性。

2) 纸张着墨的均匀性。平滑度差的纸张，实地印刷时，印刷密度不均匀；网目调印品，网点质量差，且有严重的网点丢失现象，尤其是亮调部分的小网点更易丢失，影响高光部分的层次再现。

3) 印品的光泽度，印刷平滑度高有利于在纸面形成均匀平滑的墨膜，从而提高印品的光泽度。

学习活动

学习活动 5.1　接受任务（建议 4 课时）。
学习活动 5.2　制订检测计划（建议 7 课时）。
学习活动 5.3　检测准备（建议 4 课时）。
学习活动 5.4　实施检测（建议 10 课时）。
学习活动 5.5　数据分析及结果报告（建议 4 课时）。
学习活动 5.6　总结与评价（建议 3 课时）。

学习活动 5.1　接受任务

学习目标

(1) 了解纸和纸板平滑度检测的意义。
(2) 能识读任务单，明确检测任务。
(3) 能解读国家标准 GB/T 456—2002《纸和纸板平滑度的测定（别克法）》的范围和原理。

学习过程

接受检验任务单，见表 5-1。

具体参照标准：GB/T 456—2002《纸和纸板平滑度的测定（别克法）》、GB/T 450—2008《纸和纸板试样的采取及试样纵横向、正反面的测定》、GB/T 10739—2002《纸、纸板和纸浆试样处理和试验的标准大气条件》。

表5-1　纸和纸板平滑度的测定（别克法）任务单

<table>
<tr><td colspan="2">样品名称</td><td colspan="2"></td><td>样品编号</td><td></td></tr>
<tr><td colspan="2">样品性状及包装</td><td colspan="2"></td><td>样品数量</td><td></td></tr>
<tr><td colspan="2">样品存放条件</td><td colspan="2"></td><td>样品处置</td><td></td></tr>
<tr><td colspan="2">检验技术依据</td><td colspan="4">GB/T 456—2002《纸和纸板平滑度的测定（别克法）》</td></tr>
<tr><td colspan="2">测试方法和仪器</td><td colspan="4"></td></tr>
<tr><td colspan="2">检测地点及环境条件</td><td colspan="4"></td></tr>
<tr><td colspan="2">检验项目</td><td colspan="4">纸和纸板平滑度的测定（别克法）</td></tr>
<tr><td colspan="2">收样日期</td><td colspan="2"></td><td>检测日期</td><td></td></tr>
<tr><td colspan="2">任务下达人</td><td colspan="2"></td><td>检验人员</td><td></td></tr>
<tr><td rowspan="2">备　注</td><td>样品已领</td><td>领样人</td><td></td><td>日　期</td><td></td></tr>
<tr><td>检验完成</td><td>检验员</td><td></td><td>日　期</td><td></td></tr>
</table>

阅读任务单，回答下列问题。

检测项目是：________________

检测依据的标准是：________________

检验过程中需要参考的标准是：________________

阅读国家标准GB/T 456—2002《纸和纸板平滑度的测定（别克法）》，回答问题。

（1）写出本标准的适用范围。

（2）测量时为什么要施加（100±2）kPa的压力？

（3）测量时如时间超过300s为什么要改用小容积真空器？

（4）本实验的实验原理是什么？

（5）如果用小真空容器，为什么平滑度为测定值的平均值乘以 10？

学习活动 5.2　制订检测计划

熟读国家标准 GB/T 456—2002《纸和纸板平滑度的测定（别克法）》并查阅相关的资料，经小组讨论后制订出工作计划（所需设备、人员分工、时间安排、工作流程图等）；并根据国家标准 GB/T 456—2002《纸和纸板平滑度的测定（别克法）》绘制成品纸的平滑度检测流程图并报教师审批。

学习活动 5.3　检测准备

按工作计划准备所需的检测纸张及所需要的设备（裁纸刀、检测用纸、平滑度测定仪等）。

学习活动 5.4　实施检测

按国家标准 GB/T 456—2002《纸和纸板平滑度的测定（别克法）》和制订的工作计划校验好平滑度测定仪，按国家标准 GB/T 456—2002《纸和纸板平滑度的测定（别克法）》及教师审批过的检测流程图进行成品纸的平滑度的检测。

学习活动 5.5　数据分析及结果报告

记录原始数据，填写原始记录，按相关公式计算出成品纸的平滑度两面差。自行设计并填写分析报告。

学习活动5.6　总结与评价

学习目标

（1）能分析总结试样采取、样品前处理情况、平滑度仪使用情况、平滑度的测定情况及数据处理结果。

（2）能根据评价标准进行客观评价。

学习过程

（1）样品前处理过程中的注意事项有哪些？

（2）如何校准平滑度仪？

（3）测试时如时间超过300s，则改用小容积，用另外的试样重新测试。如时间小于15s，则用另外的试样测试真空度从50.66kPa降到29.33kPa时的所需时间。测试条件变化后计算结果的相应变化。

（4）组长对组员化验结果进行总结。

（5）自评、互评、教师评价，根据评价标准进行打分，填入表 5-2 ~ 表 5-5。

表 5-2　学生自我评价表

任务名称		纸和纸板平滑度的测定（别克法）		
姓　名			指导教师	
项　目		考核要求及标准	配分	分值
职业素质	出　勤	全勤	15	
		出勤不少于总课时 1/2	5 ~ 14	
		出勤少于总课时 1/2	0	
	仪容仪表	工作服装穿戴整洁；不佩戴饰品；不化妆；不穿拖鞋；不穿短裙、短裤	11 ~ 15	
		符合以上至少三项要求	1 ~ 10	
		不符合以上要求	0	
	工作态度	遵守纪律，积极参与学习活动	11 ~ 15	
		基本遵守纪律，能参与学习活动	1 ~ 10	
		不遵守纪律，不参与学习活动	0	
	环保意识	随时保持实验场地整洁	11 ~ 15	
		基本能保持实验场地整洁	1 ~ 10	
		实验场地杂乱	0	
专业能力	任务单填写	填写完整，字迹工整	6 ~ 10	
		填写不完整，字迹清晰	1 ~ 5	
		填写不完整，字迹潦草	0	
	原始记录	填写完整，字迹工整	11 ~ 15	
		填写不完整，字迹清晰	1 ~ 10	
		填写不完整，字迹潦草	0	
	报告单填写	填写完整，字迹工整	11 ~ 15	
		填写不完整，字迹清晰	1 ~ 10	
		填写不完整，字迹潦草	0	
合　计			100	
开始时间			结束时间	

表5-3　小组评价表

任务名称		纸和纸板平滑度的测定（别克法）		
姓　名			指导教师	
项　目		考核要求及标准	配分	分值
职业素质	出　勤	全勤	10	
		出勤不少于总课时1/2	1～9	
		出勤少于总课时1/2	0	
	仪容仪表	工作服装穿戴整洁；不佩戴饰品；不化妆；不穿拖鞋；不穿短裙、短裤	5	
		符合以上至少二项要求	1～4	
		不符合以上要求	0	
	工作态度	遵守纪律，积极参与学习活动	5	
		基本遵守纪律，能参与学习活动	1～4	
		不遵守纪律，不参与学习活动	0	
	安全意识	具有安全预防意识，遵守安全操作规定	5	
		具有安全预防意识，基本遵守安全操作规定	1～4	
		无安全预防意识，不遵守安全操作规定	0	
	环保意识	随时保持实验场地整洁	5	
		基本能保持实验场地整洁	1～4	
		实验场地杂乱	0	
	合作意识	合作意识强，具有团队领导能力	10	
		具有合作意识，不主动参与团队活动	1～9	
		合作意识差，不参与团队活动	0	
专业素质	任务单填写	填写完整，字迹工整	11～15	
		填写不完整，字迹清晰	1～10	
		填写不完整，字迹潦草	0	
	实验准备	实验准备充分，能按要求采样	11～15	
		实验准备基本充分，能按要求采样	1～10	
		实验准备不充分，未按要求采样	0	
	原始记录	填写完整，字迹工整	11～15	
		填写不完整，字迹清晰	1～10	
		填写不完整，字迹潦草	0	
	报告单填写	填写完整，字迹工整	11～15	
		填写不完整，字迹清晰	1～10	
		填写不完整，字迹潦草	0	
合　计			100	
开始时间			结束时间	

表 5-4 教师评价表

任务名称		纸和纸板平滑度的测定（别克法）		
姓 名			指导教师	
项 目		考核要求及标准	配分	分值
职业素质	出 勤	全勤	5	
		出勤不少于总课时 1/2	1 ~ 4	
		出勤少于总课时 1/2	0	
	仪容仪表	工作服装穿戴整洁；不佩戴饰品；不化妆；不穿拖鞋；不穿短裙、短裤	4	
		符合以上至少二项要求	1 ~ 3	
		不符合以上要求	0	
	工作态度	遵守纪律，积极参与学习活动	4	
		基本遵守纪律，能参与学习活动	1 ~ 3	
		不遵守纪律，不参与学习活动	0	
	工作纪律	遵守实验室规章制度	4	
		基本遵守实验室规章制度	1 ~ 3	
		不遵守实验室规章制度	0	
	安全意识	具有安全预防意识，遵守安全操作规定	4	
		具有安全预防意识，基本遵守安全操作规定	1 ~ 3	
		无安全预防意识，不遵守安全操作规定	0	
	环保意识	随时保持实验场地整洁	4	
		基本能保持实验场地整洁	1 ~ 3	
		实验场地杂乱	0	
	合作意识	合作意识强，具有团队领导能力	5	
		具有合作意识，不主动参与团队活动	1 ~ 4	
		合作意识差，不参与团队活动	0	
专业素质	任务单填写	填写完整、规范，字迹工整	5	
		填写不完整，缺乏规范性，字迹清晰	1 ~ 4	
		填写不完整，不规范	0	
	检测计划	计划制订合理、分工明确	5	
		计划制订基本合理，分工明确	1 ~ 4	
		计划制定不合理，分工不明确	0	
	实验准备	实验准备充分，能按要求检查平滑度仪	5	
		实验基本准备充分，基本能按要求检查平滑度仪	1 ~ 4	
		实验准备不充分，不能按要求检查平滑度仪	0	
	样品处理	采样正确，样品处理正确	6 ~ 10	
		采样基本正确，样品处理基本正确	1 ~ 5	
		采样不正确，样品处理不正确	0	

续表 5-4

项 目		考核要求及标准	配分	分值
专业素质	平滑度的测定	平滑度仪使用正确、平滑度的测定准确	11～15	
		平滑度仪使用基本正确、平滑度的测定基本准确	1～10	
		平滑度仪使用不正确、平滑度的测定不准确	0	
	平滑度两面差的计算	使用公式正确，平滑度两面差的计算准确	10	
		使用公式正确，平滑度两面差的计算误差为±10%～±20%	1～9	
		使用公式正确，平滑度两面差的计算误差大于±20%	0	
	原始记录	填写真实、规范	5	
		填写真实，缺乏规范性	1～4	
		填写不真实、不规范	0	
	数据处理及误差分析	数据处理正确，绝对误差不超过平均值的10%	10	
		数据基本处理正确，绝对误差为平均值的10%～15%	1～9	
		数据处理不正确，绝对误差大于平均值的15%	0	
	报告单填写	填写完整，字迹工整	5	
		填写不完整，字迹清晰	1～4	
		填写不完整，字迹潦草	0	
合 计			100	
开始时间		结束时间		

注：如发生安全事故或出现故意毁坏仪器设备等情况，本次任务计为0分。

表 5-5 任务成绩

自我评价		小组评价		教师评价	
计算公式	本次任务成绩 = 自我评价×20% + 小组评价×20% + 教师评价×60%				
本次任务成绩					
本次任务是否发生安全事故或故意毁坏仪器设备等情况：□是 □否					

任务6 耐折度的测定（肖伯尔法）

学习目标

（1）了解成品纸耐折度的检测方法和测定意义。

（2）掌握纸和纸板耐折度（肖伯尔法）的测定原理及方法。

（3）掌握耐折度仪的使用方法、注意事项、维护及校验。

（4）能解读国家标准 GB/T 457—2008《纸和纸板耐折度的测定》。

（5）能按国家标准 GB/T 457—2008《纸和纸板耐折度的测定》的要求完成成品纸的耐折度（肖伯尔法）的检测并出具检测报告。

（6）能按现场7S及相关标准，整理现场和处理废弃物。

（7）能熟练使用电脑等工具查阅资料。

建议课时 32课时

任务描述

按国标 GB/T 450—2008《纸和纸板试样的采取及试样纵横向、正反面的测定》采样，按 GB/T 457—2008《纸和纸板耐折度的测定》进行测定。本课程只要求使用肖伯尔法测定纸的耐折度。测试时使用肖伯尔耐折度仪。先调整仪器至水平，启动仪器使折叠刀片的缝口停于中间位置。将试样放入夹头，使试样平行地夹紧于测定仪的两夹头之间。拉开弹簧筒，直至销钉锁住弹簧筒，给试样施加张力，将试样夹紧且没有任何滑动。将计数器回零，启动仪器使试样开始折叠，直至试样折断，仪器自动停止计数。当双折叠次数低于10或大于10000时，可降低或增加张力，但应在报告中注明所使用的非标准张力的大小。

相关知识

（1）双折叠（double fold）。试样先向后折，然后在同一折印上再向前折，试样往复一个完整来回。

（2）耐折度（folding endurance）。在标准张力条件下进行试验，试样断裂时的双折叠次数的对数（以10为底）。

耐折度表示纸张的耐折叠的能力，它和纸的撕裂度有一定的关系，凡是在使用时需要经常折叠的纸，对耐折度的要求较为严格。如对箱纸板的耐折度要求很高，对描图纸、书写纸、凸版印刷纸、书皮纸等一般的文化印刷用纸的耐折度都有一定的要求。

耐折度对于表达纸袋纸和纸盒衬里纸的使用性能很有意义，如折叠纸板是要刻划和折成纸盒的，制盒板纸常放在手指之间平折检验，每种方向折一次，并与纤维顺向成 45°折一次，如果表面纤维并未裂开，这就是一种相当坚强的纸板。

（3）耐折次数（fold number）。耐折度平均值的反对数。

（4）影响纸和纸板耐折度的主要因素：

1）纸的耐折度的影响因素有纤维的长度、强度、柔韧性和纤维之间的结合力。

2）长而强韧且结合牢固的纤维抄成的纸其耐折度较高；如果在针叶木化学浆中配加阔叶木浆或草浆类，则耐折度明显下降。

3）纸张的厚度、紧度、定量和水分含量等对于纸张的耐折度也会有非常大的影响。

4）同种浆抄制的纸，在厚度、定量增加的时候，耐折强度也会明显下降。

5）在纤维材料中加入矿物填料可提高紧度，但会大大降低纸的耐折度；纸张含水量增加时，强度大的纸其耐折度会增加，而强度小的纸则会降低。

学习活动

学习活动 6.1　接受任务（建议 4 课时）。

学习活动 6.2　制订检测计划（建议 7 课时）。

学习活动 6.3　检测准备（建议 4 课时）。

学习活动 6.4　实施检测（建议 10 课时）。

学习活动 6.5　数据分析及结果报告（建议 4 课时）。

学习活动 6.6　总结与评价（建议 3 课时）。

学习活动 6.1　接受任务

学习目标

（1）了解纸和纸板耐折度检测的意义。

（2）能识读任务单，明确检测任务。

（3）能解读国家标准 GB/T 457—2008《纸和纸板耐折度的测定》中肖伯尔法测定纸耐折度的范围和原理。

学习过程

接受检验任务单，见表 6-1。

表 6-1　纸耐折度的测定（肖伯尔法）任务单

样品名称		样品编号	
样品性状及包装		样品数量	
样品存放条件		样品处置	
检验技术依据	GB/T 457—2008《纸和纸板耐折度的测定》		
测试方法和仪器			

续表 6-1

检测地点及环境条件					
检验项目		纸耐折度的测定（肖伯尔法）			
收样日期				检测日期	
任务下达人				检验人员	
备　注	样品已领	领样人		日　期	
	检验完成	检验员		日　期	

具体参照标准：GB/T 457—2008《纸和纸板耐折度的测定》、GB/T 450—2008《纸和纸板试样的采取及试样纵横向、正反面的测定》、GB/T 10739—2002《纸、纸板和纸浆试样处理和试验的标准大气条件》。

阅读任务单，回答下列问题。

检测项目是：________________

检测依据的标准是：________________

检验过程中需要参考的标准是：________________

阅读国家标准 GB/T 457—2008《纸和纸板耐折度的测定》，回答问题。

（1）写出本标准的适用范围。

（2）测量时为什么双折叠头附近的空气温度变化超过1℃，应停止试验？

（3）为什么试样在夹头内滑动或不在折叠线断裂，结果应舍去？

（4）本实验的实验原理是什么？

（5）耐折度（肖伯尔法）的试验结果受哪些因素的影响？

（6）纸耐折度的测定还有什么方法？其原理相同吗？

学习活动 6.2　制订检测计划

熟读国家标准 GB/T 457—2008《纸和纸板耐折度的测定》并查阅相关的资料，经小组讨论后制订出工作计划（所需设备、人员分工、时间安排、工作流程图等）；并根据国家标准 GB/T 457—2008《纸和纸板耐折度的测定》绘制成品纸的耐折度（肖伯尔法）检测流程图并报教师审批。

学习活动 6.3　检测准备

按工作计划准备所需的检测纸张及所需要的设备（裁纸刀、耐折度仪等）。

学习活动 6.4　实施检测

按国家标准 GB/T 457—2008《纸和纸板耐折度的测定》和制订的工作计划校验好耐折度仪，按国家标准 GB/T 457—2008《纸和纸板耐折度的测定》及教师审批过的检测流程图进行成品纸的耐折度（肖伯尔法）的检测。

学习活动 6.5　数据分析及结果报告

记录原始数据，填写原始记录，按相关公式计算出成品纸的耐折度。自行设计并填写分析报告。

学习活动 6.6　总结与评价

学习目标

（1）能分析总结试样采取、样品前处理情况、耐折度仪使用情况、耐折度（肖伯尔法）的测试情况及数据处理结果；

（2）能根据评价标准进行客观评价。

学习过程

（1）样品前处理过程中的注意事项有哪些？

（2）如何校准肖伯尔耐折度仪？

（3）纸张横向耐折度和纵向耐折度有区别吗？同一张纸横向耐折度大还是纵向耐折度大？

（4）组长对组员化验结果进行总结。

（5）自评、互评、教师评价，根据评价标准进行打分，填入表6-2～表6-5。

表6-2　学生自我评价表

<table>
<tr><td colspan="2">任务名称</td><td colspan="4">纸耐折度的测定（肖伯尔法）</td></tr>
<tr><td colspan="2">姓　名</td><td></td><td>指导教师</td><td colspan="2"></td></tr>
<tr><td colspan="2">项　目</td><td colspan="2">考核要求及标准</td><td>配分</td><td>分值</td></tr>
<tr><td rowspan="12">职业素质</td><td rowspan="3">出　勤</td><td colspan="2">全勤</td><td>15</td><td rowspan="3"></td></tr>
<tr><td colspan="2">出勤不少于总课时1/2</td><td>5～14</td></tr>
<tr><td colspan="2">出勤少于总课时1/2</td><td>0</td></tr>
<tr><td rowspan="3">仪容仪表</td><td colspan="2">工作服装穿戴整洁；不佩戴饰品；不化妆；不穿拖鞋；不穿短裙、短裤</td><td>11～15</td><td rowspan="3"></td></tr>
<tr><td colspan="2">符合以上至少三项要求</td><td>1～10</td></tr>
<tr><td colspan="2">不符合以上要求</td><td>0</td></tr>
<tr><td rowspan="3">工作态度</td><td colspan="2">遵守纪律，积极参与学习活动</td><td>11～15</td><td rowspan="3"></td></tr>
<tr><td colspan="2">基本遵守纪律，能参与学习活动</td><td>1～10</td></tr>
<tr><td colspan="2">不遵守纪律，不参与学习活动</td><td>0</td></tr>
<tr><td rowspan="3">环保意识</td><td colspan="2">随时保持实验场地整洁</td><td>11～15</td><td rowspan="3"></td></tr>
<tr><td colspan="2">基本能保持实验场地整洁</td><td>1～10</td></tr>
<tr><td colspan="2">实验场地杂乱</td><td>0</td></tr>
</table>

续表 6-2

项　目		考核要求及标准	配分	分值
专业能力	任务单填写	填写完整，字迹工整	6 ~ 10	
		填写不完整，字迹清晰	1 ~ 5	
		填写不完整，字迹潦草	0	
	原始记录	填写完整，字迹工整	11 ~ 15	
		填写不完整，字迹清晰	1 ~ 10	
		填写不完整，字迹潦草	0	
	报告单填写	填写完整，字迹工整	11 ~ 15	
		填写不完整，字迹清晰	1 ~ 10	
		填写不完整，字迹潦草	0	
合　计			100	
开始时间			结束时间	

表 6-3　小组评价表

任务名称		纸耐折度的测定（肖伯尔法）		
姓　名			指导教师	
项　目		考核要求及标准	配分	分值
职业素质	出　勤	全勤	10	
		出勤不少于总课时 1/2	1 ~ 9	
		出勤少于总课时 1/2	0	
	仪容仪表	工作服装穿戴整洁；不佩戴饰品；不化妆；不穿拖鞋；不穿短裙、短裤	5	
		符合以上至少二项要求	1 ~ 4	
		不符合以上要求	0	
	工作态度	遵守纪律，积极参与学习活动	5	
		基本遵守纪律，能参与学习活动	1 ~ 4	
		不遵守纪律，不参与学习活动	0	
	安全意识	具有安全预防意识，遵守安全操作规定	5	
		具有安全预防意识，基本遵守安全操作规定	1 ~ 4	
		无安全预防意识，不遵守安全操作规定	0	
	环保意识	随时保持实验场地整洁	5	
		基本能保持实验场地整洁	1 ~ 4	
		实验场地杂乱	0	
	合作意识	合作意识强，具有团队领导能力	10	
		具有合作意识，不主动参与团队活动	1 ~ 9	
		合作意识差，不参与团队活动	0	

续表6-3

项　目		考核要求及标准		配分	分值
专业素质	任务单填写	填写完整，字迹工整		11～15	
		填写不完整，字迹清晰		1～10	
		填写不完整，字迹潦草		0	
	实验准备	实验准备充分，能按要求采样		11～15	
		实验准备基本充分，能按要求采样		1～10	
		实验准备不充分，未按要求采样		0	
	原始记录	填写完整，字迹工整		11～15	
		填写不完整，字迹清晰		1～10	
		填写不完整，字迹潦草		0	
	报告单填写	填写完整，字迹工整		11～15	
		填写不完整，字迹清晰		1～10	
		填写不完整，字迹潦草		0	
合　计				100	
开始时间			结束时间		

表6-4　教师评价表

任务名称		纸耐折度的测定（肖伯尔法）			
姓　名			指导教师		
项　目		考核要求及标准		配分	分值
职业素质	出　勤	全勤		5	
		出勤不少于总课时1/2		1～4	
		出勤少于总课时1/2		0	
	仪容仪表	工作服装穿戴整洁；不佩戴饰品；不化妆；不穿拖鞋；不穿短裙、短裤		4	
		符合以上至少二项要求		1～3	
		不符合以上要求		0	
	工作态度	遵守纪律，积极参与学习活动		4	
		基本遵守纪律，能参与学习活动		1～3	
		不遵守纪律，不参与学习活动		0	
	工作纪律	遵守实验室规章制度		4	
		基本遵守实验室规章制度		1～3	
		不遵守实验室规章制度		0	
	安全意识	具有安全预防意识，遵守安全操作规定		4	
		具有安全预防意识，基本遵守安全操作规定		1～3	
		无安全预防意识，不遵守安全操作规定		0	
	环保意识	随时保持实验场地整洁		4	
		基本能保持实验场地整洁		1～3	
		实验场地杂乱		0	
	合作意识	合作意识强，具有团队领导能力		5	
		具有合作意识，不主动参与团队活动		1～4	
		合作意识差，不参与团队活动		0	

续表6-4

项目		考核要求及标准	配分	分值
专业素质	任务单填写	填写完整、规范，字迹工整	5	
		填写不完整，缺乏规范性，字迹清晰	1~4	
		填写不完整，不规范	0	
	检测计划	计划制订合理、分工明确	5	
		计划制订基本合理，分工明确	1~4	
		计划制定不合理，分工不明确	0	
	实验准备	实验准备充分，能按要求检查耐折度仪	5	
		实验基本准备充分，基本能按要求检查耐折度仪	1~4	
		实验准备不充分，不能按要求检查耐折度仪	0	
	样品处理	采样正确，样品处理正确	6~10	
		采样基本正确，样品处理基本正确	1~5	
		采样不正确，样品处理不正确	0	
	耐折度的测定	耐折度仪使用正确、耐折度的测定准确	11~15	
		耐折度仪使用基本正确、耐折度的测定基本准确	1~10	
		耐折度仪使用不正确、耐折度的测定不准确	0	
	耐折度的计算	使用公式正确，耐折度的计算准确	10	
		使用公式正确，耐折度的计算误差为±10%~±20%	1~9	
		使用公式正确，耐折度的计算误差大于±20%	0	
	原始记录	填写真实、规范	5	
		填写真实，缺乏规范性	1~4	
		填写不真实、不规范	0	
	数据处理及误差分析	数据处理正确，绝对误差不超过平均值的10%	10	
		数据基本处理正确，绝对误差为平均值的10%~15%	1~9	
		数据处理不正确，绝对误差大于平均值的15%	0	
	报告单填写	填写完整，字迹工整	5	
		填写不完整，字迹清晰	1~4	
		填写不完整，字迹潦草	0	
合计			100	
开始时间			结束时间	

注：如发生安全事故或出现故意毁坏仪器设备等情况，本次任务计为0分。

表6-5　任务成绩

自我评价		小组评价		教师评价	
计算公式	本次任务成绩=自我评价×20%+小组评价×20%+教师评价×60%				
本次任务成绩					
本次任务是否发生安全事故或故意毁坏仪器设备等情况：□是　□否					

任务7 抗张强度的测定(恒速加荷法)

学习目标

（1）了解成品纸抗张强度的检测方法和测定意义。

（2）掌握纸和纸板抗张强度的测定（恒速加荷法）原理及方法。

（3）掌握抗张强度仪的使用方法、注意事项、维护及校验。

（4）能解读国家标准 GB/T 453—2002《纸和纸板抗张强度的测定（恒速加荷法)》。

（5）能按国家标准 GB/T 453—2002《纸和纸板抗张强度的测定（恒速加荷法)》的要求完成成品纸的抗张强度（恒速加荷法）的检测并出具检测报告。

（6）能按现场 7S 及相关标准，整理现场和处理废弃物。

（7）能熟练使用电脑等工具查阅资料。

建议课时 **64 课时**

任务描述

按国标 GB/T 450—2008《纸和纸板试样的采取及试样纵横向、正反面的测定》采样，使用抗张强度试验仪按照国标 GB/T 453—2002《纸和纸板抗张强度的测定（恒速加荷法)》进行测定，然后按以下公式计算以下抗张强度（S），取三位有效数字。

$$S = F/L_w$$

式中，S 为抗张强度，kN/m；F 为平均抗张力，N；L_w 为试样的宽度，mm。

注：低定量纸，如薄页纸，抗张强度用 N/m 表示为宜。

相关知识

（1）抗张强度是纸或纸板所能承受的最大张力。

（2）裂断长是宽度一致的纸条本身质量将纸断裂时所需要的长度。它是由抗张强度和恒湿后的试样定量计算出来的。

（3）伸长率是纸或纸板受到张力至断裂时的伸长，以对原试样长的百分率表示。

（4）抗张指数是抗张强度除以定量，以 N · m/g 表示。

（5）抗张强度是物理特性中的重要参数之一，又是一种基本检验。抗张强度是比较复杂的，它是耐破度、抗撕力和耐折度等的一个组成部分，裂断长系抗张强度、厚度和定量的函数。纸的抗张力主要受四个因素的影响：纤维结合强度、纤维平均长度、纤维内部组织方向交错系数、纤维原来的强度。纤维结合力的大小和性质是影响有效抗张强度的最重要的条件。

抗张强度指标对新闻纸和供轮转印刷机印刷用纸等是很重要的，因为较高的抗张强度有助于承受印刷机的牵引力。抗张强度也是纸袋纸和包装纸的重要性能。沥青浸渍纸需要有高的抗张强度，以承受浸渍后的纸张在漂浮干燥中所承受的压力。其他纸绳纸和电缆纸的抗张强度也特别重要。

凡是抗张强度越大的纸和纸板，其裂断长也越大。

学习活动

学习活动7.1　接受任务（建议8课时）。

学习活动7.2　制订检测计划（建议14课时）。

学习活动7.3　检测准备（建议8课时）。

学习活动7.4　实施检测（建议20课时）。

学习活动7.5　数据分析及结果报告（建议8课时）。

学习活动7.6　总结与评价（建议6课时）。

学习活动7.1　接受任务

学习目标

（1）了解纸和纸板耐折度检测的意义。

（2）能识读任务单，明确检测任务。

（3）能解读国家标准 GB/T 453—2002《纸和纸板抗张强度的测定（恒速加荷法）》的范围和原理。

学习过程

接受检验任务单，见表7-1。

表7-1　纸和纸板抗张强度的测定（恒速加荷法）任务单

样品名称				样品编号	
样品性状及包装				样品数量	
样品存放条件				样品处置	
检验技术依据		GB/T 453—2002《纸和纸板抗张强度的测定（恒速加荷法）》			
测试方法和仪器					
检测地点及环境条件					
检验项目		纸和纸板抗张强度的测定（恒速加荷法）			
收样日期				检测日期	
任务下达人				检验人员	
备　注	样品已领	领样人		日　期	
	检验完成	检验员		日　期	

具体参照标准：GB/T 453—2002《纸和纸板抗张强度的测定（恒速加荷法）》、GB/T 450—2008《纸和纸板试样的采取及试样纵横向、正反面的测定》、GB/T 10739—2002《纸、纸板和纸浆试样处理和试验的标准大气条件》。

阅读任务单，回答下列问题。

检测项目是：＿＿＿＿＿＿＿＿＿＿＿＿＿＿＿＿＿＿＿＿

检测依据的标准是：＿＿＿＿＿＿＿＿＿＿＿＿＿＿＿＿＿＿

检验过程中需要参考的标准是：＿＿＿＿＿＿＿＿＿＿＿＿＿＿

阅读国家标准 GB/T 453—2002《纸和纸板抗张强度的测定（恒速加荷法）》，回答问题。

（1）写出本标准的适用范围。

（2）为什么要“试样的两个边是平直的，其平行度应在 0.1mm 之内，切口应整齐且无任何损伤”？

（3）为什么“如距夹子 10mm 以内断裂者，应舍弃不记”？

（4）本实验的实验原理是什么？

（5）纸和纸板抗张强度的试验结果受哪些因素的影响？

学习活动 7.2　制订检测计划

熟读国家标准 GB/T 453—2002《纸和纸板抗张强度的测定（恒速加荷法)》并查阅相关的资料，经小组讨论后制订出工作计划（所需设备、人员分工、时间安排、工作流程图等)；并根据国家标准 GB/T 453—2002《纸和纸板抗张强度的测定（恒速加荷法)》绘制成品纸的抗张强度检测流程图并报教师审批。

学习活动 7.3　检测准备

按工作计划准备所需的检测纸张及所需要的设备（裁纸刀、抗张强度试验仪等)。

学习活动 7.4　实施检测

按国家标准 GB/T 453—2002《纸和纸板抗张强度的测定（恒速加荷法)》和制订的工作计划校验好抗张强度仪，按国家标准 GB/T 453—2002《纸和纸板抗张强度的测定（恒速加荷法)》及教师审批过的检测流程图进行成品纸的抗张强度的检测。

学习活动 7.5　数据分析及结果报告

记录原始数据，填写原始记录，按相关公式计算出成品纸的抗张强度。自行设计并填写分析报告。

学习活动 7.6　总结与评价

学习目标

（1）能分析总结试样采取、样品前处理情况、抗张强度仪使用情况、抗张强度的测试情况及数据处理结果。

（2）能根据评价标准进行客观评价。

学习过程

（1）样品前处理过程中的注意事项有哪些？

（2）如何校准抗张强度仪？

（3）纸张横向抗张强度和纵向抗张强度有区别吗？同一张纸横向抗张强度大还是纵向抗张强度大？

（4）组长对组员化验结果进行总结。

（5）自评、互评、教师评价，根据评价标准进行打分，填入表7-2～表7-5。

表7-2　学生自我评价表

任务名称		纸和纸板抗张强度的测定（恒速加荷法）		
姓　名			指导教师	
项　目		考核要求及标准	配分	分值
职业素质	出　勤	全勤	15	
		出勤不少于总课时1/2	5～14	
		出勤少于总课时1/2	0	
	仪容仪表	工作服装穿戴整洁；不佩戴饰品；不化妆；不穿拖鞋；不穿短裙、短裤	11～15	
		符合以上至少三项要求	1～10	
		不符合以上要求	0	
	工作态度	遵守纪律，积极参与学习活动	11～15	
		基本遵守纪律，能参与学习活动	1～10	
		不遵守纪律，不参与学习活动	0	
	环保意识	随时保持实验场地整洁	11～15	
		基本能保持实验场地整洁	1～10	
		实验场地杂乱	0	
专业能力	任务单填写	填写完整，字迹工整	6～10	
		填写不完整，字迹清晰	1～5	
		填写不完整，字迹潦草	0	
	原始记录	填写完整，字迹工整	11～15	
		填写不完整，字迹清晰	1～10	
		填写不完整，字迹潦草	0	
	报告单填写	填写完整，字迹工整	11～15	
		填写不完整，字迹清晰	1～10	
		填写不完整，字迹潦草	0	
合　计			100	
开始时间			结束时间	

表 7-3　小组评价表

<table>
<tr><td colspan="2">任务名称</td><td colspan="4">纸和纸板抗张强度的测定（恒速加荷法）</td></tr>
<tr><td colspan="2">姓　名</td><td></td><td>指导教师</td><td colspan="2"></td></tr>
<tr><td colspan="2">项　目</td><td colspan="2">考核要求及标准</td><td>配分</td><td>分值</td></tr>
<tr><td rowspan="18">职业素质</td><td rowspan="3">出　勤</td><td colspan="2">全勤</td><td>10</td><td rowspan="3"></td></tr>
<tr><td colspan="2">出勤不少于总课时 1/2</td><td>1 ~ 9</td></tr>
<tr><td colspan="2">出勤少于总课时 1/2</td><td>0</td></tr>
<tr><td rowspan="3">仪容仪表</td><td colspan="2">工作服装穿戴整洁；不佩戴饰品；不化妆；不穿拖鞋；不穿短裙、短裤</td><td>5</td><td rowspan="3"></td></tr>
<tr><td colspan="2">符合以上至少二项要求</td><td>1 ~ 4</td></tr>
<tr><td colspan="2">不符合以上要求</td><td>0</td></tr>
<tr><td rowspan="3">工作态度</td><td colspan="2">遵守纪律，积极参与学习活动</td><td>5</td><td rowspan="3"></td></tr>
<tr><td colspan="2">基本遵守纪律，能参与学习活动</td><td>1 ~ 4</td></tr>
<tr><td colspan="2">不遵守纪律，不参与学习活动</td><td>0</td></tr>
<tr><td rowspan="3">安全意识</td><td colspan="2">具有安全预防意识，遵守安全操作规定</td><td>5</td><td rowspan="3"></td></tr>
<tr><td colspan="2">具有安全预防意识，基本遵守安全操作规定</td><td>1 ~ 4</td></tr>
<tr><td colspan="2">无安全预防意识，不遵守安全操作规定</td><td>0</td></tr>
<tr><td rowspan="3">环保意识</td><td colspan="2">随时保持实验场地整洁</td><td>5</td><td rowspan="3"></td></tr>
<tr><td colspan="2">基本能保持实验场地整洁</td><td>1 ~ 4</td></tr>
<tr><td colspan="2">实验场地杂乱</td><td>0</td></tr>
<tr><td rowspan="3">合作意识</td><td colspan="2">合作意识强，具有团队领导能力</td><td>10</td><td rowspan="3"></td></tr>
<tr><td colspan="2">具有合作意识，不主动参与团队活动</td><td>1 ~ 9</td></tr>
<tr><td colspan="2">合作意识差，不参与团队活动</td><td>0</td></tr>
<tr><td rowspan="12">专业素质</td><td rowspan="3">任务单填写</td><td colspan="2">填写完整，字迹工整</td><td>11 ~ 15</td><td rowspan="3"></td></tr>
<tr><td colspan="2">填写不完整，字迹清晰</td><td>1 ~ 10</td></tr>
<tr><td colspan="2">填写不完整，字迹潦草</td><td>0</td></tr>
<tr><td rowspan="3">实验准备</td><td colspan="2">实验准备充分，能按要求采样</td><td>11 ~ 15</td><td rowspan="3"></td></tr>
<tr><td colspan="2">实验准备基本充分，能按要求采样</td><td>1 ~ 10</td></tr>
<tr><td colspan="2">实验准备不充分，未按要求采样</td><td>0</td></tr>
<tr><td rowspan="3">原始记录</td><td colspan="2">填写完整，字迹工整</td><td>11 ~ 15</td><td rowspan="3"></td></tr>
<tr><td colspan="2">填写不完整，字迹清晰</td><td>1 ~ 10</td></tr>
<tr><td colspan="2">填写不完整，字迹潦草</td><td>0</td></tr>
<tr><td rowspan="3">报告单填写</td><td colspan="2">填写完整，字迹工整</td><td>11 ~ 15</td><td rowspan="3"></td></tr>
<tr><td colspan="2">填写不完整，字迹清晰</td><td>1 ~ 10</td></tr>
<tr><td colspan="2">填写不完整，字迹潦草</td><td>0</td></tr>
<tr><td colspan="2">合　计</td><td colspan="2"></td><td>100</td><td></td></tr>
<tr><td colspan="2">开始时间</td><td></td><td>结束时间</td><td colspan="2"></td></tr>
</table>

表7-4　教师评价表

任务名称		纸和纸板抗张强度的测定（恒速加荷法）		
姓　名			指导教师	
项　目		考核要求及标准	配分	分值
职业素质	出　勤	全勤	5	
		出勤不少于总课时1/2	1~4	
		出勤少于总课时1/2	0	
	仪容仪表	工作服装穿戴整洁；不佩戴饰品；不化妆；不穿拖鞋；不穿短裙、短裤	4	
		符合以上至少二项要求	1~3	
		不符合以上要求	0	
	工作态度	遵守纪律，积极参与学习活动	4	
		基本遵守纪律，能参与学习活动	1~3	
		不遵守纪律，不参与学习活动	0	
	工作纪律	遵守实验室规章制度	4	
		基本遵守实验室规章制度	1~3	
		不遵守实验室规章制度	0	
	安全意识	具有安全预防意识，遵守安全操作规定	4	
		具有安全预防意识，基本遵守安全操作规定	1~3	
		无安全预防意识，不遵守安全操作规定	0	
	环保意识	随时保持实验场地整洁	4	
		基本能保持实验场地整洁	1~3	
		实验场地杂乱	0	
	合作意识	合作意识强，具有团队领导能力	5	
		具有合作意识，不主动参与团队活动	1~4	
		合作意识差，不参与团队活动	0	
专业素质	任务单填写	填写完整、规范，字迹工整	5	
		填写不完整，缺乏规范性，字迹清晰	1~4	
		填写不完整，不规范	0	
	检测计划	计划制订合理、分工明确	5	
		计划制订基本合理，分工明确	1~4	
		计划制定不合理，分工不明确	0	
	实验准备	实验准备充分，能按要求检查抗张强度仪	5	
		实验基本准备充分，基本能按要求检查抗张强度仪	1~4	
		实验准备不充分，不能按要求检查抗张强度仪	0	
	样品处理	采样正确，样品处理正确	6~10	
		采样基本正确，样品处理基本正确	1~5	
		采样不正确，样品处理不正确	0	

续表 7-4

项　目		考核要求及标准	配分	分值
专业素质	抗张强度的测定	抗张强度仪使用正确、抗张强度的测定准确	11 ~ 15	
		抗张强度仪使用基本正确、抗张强度的测定基本准确	1 ~ 10	
		抗张强度仪使用不正确、抗张强度的测定不准确	0	
	抗张强度的计算	使用公式正确，抗张强度的计算准确	10	
		使用公式正确，抗张强度的计算误差为 ±10% ~ ±20%	1 ~ 9	
		使用公式正确，抗张强度的计算误差大于 ±20%	0	
	原始记录	填写真实、规范	5	
		填写真实，缺乏规范性	1 ~ 4	
		填写不真实、不规范	0	
	数据处理及误差分析	数据处理正确，绝对误差不超过平均值的 10%	10	
		数据基本处理正确，绝对误差为平均值的 10% ~ 15%	1 ~ 9	
		数据处理不正确，绝对误差大于平均值的 15%	0	
	报告单填写	填写完整，字迹工整	5	
		填写不完整，字迹清晰	1 ~ 4	
		填写不完整，字迹潦草	0	
合　计			100	
开始时间		结束时间		

注：如发生安全事故或出现故意毁坏仪器设备等情况，本次任务计为0分。

表 7-5　任务成绩

自我评价		小组评价		教师评价	
计算公式	本次任务成绩 = 自我评价 ×20% + 小组评价 ×20% + 教师评价 ×60%				
本次任务成绩					
本次任务是否发生安全事故或故意毁坏仪器设备等情况：□是　□否					

任务8　纸、纸板D65亮度、不透明度及颜色的测定

学习目标

（1）了解成品纸的D65亮度、不透明度及颜色差别的定义及其测定意义。

（2）掌握使用白度仪（白度颜色仪）测定D65亮度的原理及检测方法。

（3）掌握使用白度仪（白度颜色仪）测定不透明度的原理及方法。

（4）掌握白度颜色仪测定颜色、计算色差的原理及方法。

（5）掌握白度颜色仪的使用、校验及其维护。

（6）能解读国家标准GB/T 7974—2013《纸、纸板和纸浆蓝光漫反射因素D65亮度的测定（漫射/垂直法，室外日光条件）》、GB/T 1543—2005《纸和纸板不透明度（纸背衬）的测定（漫反射法）》、GB/T 7975—2005《纸和纸板颜色的测定（漫反射法）》。

（7）能按国家标准GB/T 7974—2013《纸、纸板和纸浆蓝光漫反射因素D65亮度的测定（漫射/垂直法，室外日光条件）》、GB/T 1543—2005《纸和纸板不透明度（纸背衬）的测定（漫反射法）》、GB/T 7975—2005《纸和纸板颜色的测定（漫反射法）》的要求完成成品纸的D65亮度、不透明度、色差的检测并出具检测报告。

（8）能按现场7S及相关标准，整理现场和处理废弃物。

（9）能熟练使用电脑等工具查阅资料。

建议课时　64课时

任务描述

按国标GB/T 450—2008《纸和纸板试样的采取及试样纵横向、正反面的测定》采样，使用白度仪（白度颜色仪）按GB/T 7974—2013《纸、纸板和纸浆蓝光漫反射因素D65亮度的测定（漫射/垂直法，室外日光条件）》测定D65亮度；使用白度仪（白度颜色仪）按GB/T 1543—2005《纸和纸板不透明度（纸背衬）的测定（漫反射法）》测定试样正、反面相应的R_0和R_∞值，按式（8-1）分别计算试样正、反面每次测定的不透明度R（%）。

$$R = \frac{R_0}{R_\infty} \times 100\% \tag{8-1}$$

式中，R_0为试样正面或反面的单层反射因数，%；R_∞为试样正面或反面的内反射因数，%。

使用白度颜色仪按 GB/T 7975—2005《纸和纸板颜色的测定（漫反射法）》测定颜色，按公式计算色差。

相关知识

（1）相关定义。

漫反射因数（R）是由一物体反射和激发的辐射与相同光源和观察条件下完全反射漫射体的反射之比。比值通常以百分数表示。注：如果物体半透明，漫反射因数受背衬影响。

内反射因数 R_∞ 是指试样层数达到不透光，即测定结果不再随试样层数加倍而发生变化时的光反射因数。

D65 亮度（$R_{457,D65}$）是指使用符合 GB/T 7973 规定，具有主波长 457nm、半波宽 44nm 的滤光片或相应功能的反射光度计，照射到试样的 UV 含量调整与 CIE 标准照明体 D65 一致时测得的内反射因数。

光反射因数 R_y 是指采用符合 GB/T 7973 规定的反射光度计，在 CIE 1964 补充标准色度系统的光谱特性条件下测定的反射因数。

单层反射因数 R_0 是指单层纸样背衬黑筒的光反射因数。

不透明度（纸背衬）是指同一试样的单层反射因数 R_0 与其内反射因数 R_∞ 之比，以百分数表示。

反射因数是由一物体反射的辐通量与相同条件下完全反射漫射体所反射的辐通量之比，以百分数表示。

CIE 1964 补充标准色度系统是指采用符合 GB/T 7973 规定的反射光度计，在 CIE 1964 补充标准色度系统的光谱特性条件下测定的反射因数。

三刺激值 X、Y、Z 是指在给定的三色系统中，与所研究的刺激颜色相匹配的三个参考色刺激的量。注：在 GB/T 7975 标准中，用 CIE 1964(10°)标准观察者和 CIE 标准照体 D65 定义三色系统。

CIELAB 三色空间是指近似均匀的三维色空间。

明度指数 L^* 是指在视觉上近似均匀的三维色空间中，表示物体色明度值的坐标。L^* 为 0 表示对光全吸收的黑体，L^* 为 100 表示对光全反射的纯白物体。

色品指数 a^*、b^* 是指在视觉上近似均匀的三维色空间中，表示色度的坐标。a^* 为正值表示偏红程度，a^* 为负值表示偏绿程度；b^* 为正值表示偏黄程度，b^* 为负值表示偏蓝程度。

色品坐标是指各刺激值与三刺激值总和之比，在 X^*、Y^*、Z^* 色度系统中，用 x_0、y_0、z_0 表示色品坐标。

彩度 C^*_{ab} 是指物体的色纯度或饱和程度。

色调角 h^*_{ab} 是指在物体色相 360°范围内，被测色的角度。0°表示为红，90°表示为黄，180°表示为绿，270°表示为蓝。

（2）检测意义。

目前表示白度的方法有很多，主要是 D65 亮度、ISO 亮度和 CIE 白度。

从以上D65亮度的定义可以看出D65亮度就是我们日常使用中所称的白度。

在ISO 2470：1999《纸、纸板和纸浆——漫反射因数的测定（ISO亮度）》中对ISO亮度进行了定义：配有滤光片或具备相应功能使光谱特性有效波长为457nm、半波宽44nm，并通过调整照射到样品的光源UV含量与CIE照明体C一致的仪器测定的内反射因数。

D65亮度和ISO亮度的主要区别是：D65亮度采用的是D65光源，而ISO亮度采用的是C光源。

白度还有一种表示方法是CIE白度，在国际上应用较为广泛，ISO/TC6制定了相应的测试方法标准，国内也有部分企业采用这种白度表示方法。CIE白度分为C光源和D65光源两种照明条件，相应的ISO标准分别为ISO 11475《纸和纸板-CIE白度的测定，D65/10°（室外日光）》和ISO 11476《纸和纸板-CIE白度的测定，C/2°（室内照明条件）》。

影响纸张亮度的因素主要有以下几点。

（1）纸浆的亮度。纸浆的亮度是决定纸张亮度的基本条件，一般亮度高的纸浆，做成纸的亮度也高，反之则低。

（2）填料的加入。因为白土、滑石粉、碳酸钙、二氧化钛等填料的亮度都比普通纸浆的亮度高，所以在纸张中，加入填料能提高纸张的亮度。由于纸的两面性，纸页两面的亮度有时相差2%～3%（纸页的正面存留填料较多）。如用白色颜料作表面涂布，能使亮度显著增加。

（3）施胶的影响。施加松香胶会降低纸张亮度3%～5%。

（4）纸浆中的木质素含量高或漂白过度，会使纸浆老化泛黄，降低纸张亮度，这点以磨木浆抄造的新闻纸最为突出。

（5）纸张干燥过度，纸卷内温度高、存放时间长，纸经过压光处理等也会降低亮度。

（6）生产用水的季节性浑浊度变化。用水质清、浑浊度低的水生产的纸亮度比水质浑的水生产的纸亮度高。

此外，染料、增白剂、涂布量、涂料亮度等也影响纸张的亮度。

纸张的亮度越高，其表面越能使油墨色彩的特性准确地表现出来。这是因为白纸要把通过透明墨层减色合成的色光反射回去。所以，亮度高的纸张，几乎可以反射全部的色光，使印品墨色鲜艳悦目，视觉效果好。而亮度低的纸张，由于只吸收部分色光，既不能如实表现明暗部分的反差，又容易造成偏色。如有的出现偏黄，有的出现偏红，有的出现偏绿，还有的出现偏蓝等。当纸张本身偏色时，纸面上所印的颜色便是油墨和纸张两者综合呈色的效果了，这样必然会出现一些偏色情况，基于这一情况，印刷时有必要对纸张的亮度和偏色情况对照原稿进行分析，通过采取适当的措施达到纠正偏色的目的。一方面，应根据纸色特点，正确选用油墨来消除偏色。另一方面，可通过调墨工艺来纠正色偏。

纸张亮度是准确呈现颜色的根本源泉，那么印刷用纸尤其是作为辨色的主要因素之一的纸基，承载彩色印迹的白纸亮度，对所呈现的色相、明度、饱和度起着决定性作用。所以，在印刷中，由于不同的印刷品所需要的纸张的亮度是不一样的，所以一定要选择合适的纸张来印刷，才能保证最好的印刷质量。

纸张的平滑度、光泽度、亮度与印品色彩有很好的相关性。在造纸过程中使用的原料的颜色不纯净、有杂色，或者经过漂白的纸浆的颜色也会略带有一些浅黄、浅绿的颜色，所以要经过调色与增白处理。调色就是在纸浆中加入微量的补色染料，增白处理一般要加入一定量的荧光增白剂。由于浆料及造纸工艺上的差异，形成了纸张颜色的差异。亮度是纸张的一个重要的光学性能，当光线照到纸面上，会发生反射、折射、散射、吸收现象，测定这些光线在特定条件下的通过量就可得到纸张的光学性能。纸张亮度的测量主要是以波长在 457nm（约 380 ~ 510nm）为中心的光波照射在试样上的反射率来衡量，这种方法没有考虑人眼的视觉特征。因此在印刷中用 L^*、a^*、b^* 值来表征纸张的颜色，既能直观地反映纸张的亮度和色偏，又能与人眼对颜色的视觉一致。当纸张的底色不是纯白色时，纸张上所印色块呈现的颜色可以说是油墨的颜色和纸张的颜色混合后的综合颜色，这样一定会出现纸张的底色引起的偏色现象。在这种情况下，印刷厂的工作人员必须根据原稿的内容和色彩进行分析，并要采取一些措施来进行纠正色彩，排除纸张的干扰。为了符合光谱色彩管理的研究趋势，需对纸张的颜色参数特征化，采用在可见光波长范围内的反射率来表示纸张和印刷品的颜色，研究纸张的光谱反射率与印品的反射率的关系。结果表明，纸张的光谱反射率与单色印品的光谱反射率是线性相关的，纸张的光谱反射率与多色印品的光谱反射率不是线性相关的。

纸张的亮度与印刷的关系密切，必须要求同一批纸的亮度接近，不允许相差过大。因为亮度的不一致，势必造成同一批印刷品的墨色前后有别，尤其是彩色印刷，亮度对三原色的叠印影响更大，弄不好会出残次品。高亮度的纸，与黑色（彩色）墨迹形成鲜明的对比，使文图更加清晰。但是，用于印刷一般书刊的纸，亮度不必很高，否则容易造成读者产生视觉疲劳。

纸张的不透明度是指纸张受光照射时光线吸收量与反射量之比，是纸张阻光能力的描述，即纸张阻止入射光通过的能力。对于印刷来说，就是不能出现“透背透印”现象，即印刷后图文不要透过另外一面的性能。

不透明度可用亮度计来测量。一般新闻纸的不透明度为 95%，凸版印刷纸的不透明度为 87%，如果纸张的不透明度低于 85%，印刷时就有可能出现“透印”现象。

影响纸张不透明度的因素有很多，从理论上讲，只要能增加散射能力和吸收能力的任何因素都能影响到纸张的不透明度。在原料与制造工艺相同的情况下，定量越高的纸张，不透明度越高。紧度的提高与不透明度的数值略成反比，这是因为紧度的提高使纸张纤维与空气的接触面积减少了，而漫反射只有在纤维—空气界面才会产生。

学习活动

学习活动 8.1　接受任务（建议 8 课时）。
学习活动 8.2　制订检测计划（建议 14 课时）。
学习活动 8.3　检测准备（建议 8 课时）。
学习活动 8.4　实施检测（建议 20 课时）。
学习活动 8.5　数据分析及结果报告（建议 8 课时）。
学习活动 8.6　总结与评价（建议 6 课时）。

学习活动 8.1 接受任务

学习目标

（1）了解纸和纸板 D65 亮度、不透明度、颜色及颜色差别的检测意义。

（2）能识读任务单，明确检测任务。

（3）能解读国家标准 GB/T 7974—2013《纸、纸板和纸浆蓝光漫反射因素 D65 亮度的测定（漫射/垂直法，室外日光条件）》、GB/T 1543—2005《纸和纸板不透明度（纸背衬）的测定（漫反射法）》、GB/T 7975—2005《纸和纸板颜色的测定（漫反射法）》的范围和原理。

学习过程

8.1.1 纸、纸板 D65 亮度的测定（漫射/垂直法，室外日光条件）

接受检验任务单，见表 8-1。

表 8-1 纸、纸板 D65 亮度的测定（漫射/垂直法，室外日光条件）任务单

样品名称				样品编号	
样品性状及包装				样品数量	
样品存放条件				样品处置	
检验技术依据		GB/T 7974—2013《纸、纸板和纸浆蓝光漫反射因素 D65 亮度的测定（漫射/垂直法，室外日光条件）》			
测试方法和仪器					
检测地点及环境条件					
检验项目		纸、纸板 D65 亮度的测定（漫射/垂直法，室外日光条件）			
收样日期				检测日期	
任务下达人				检验人员	
备 注	样品已领	领样人		日 期	
	检验完成	检验员		日 期	

具体参照标准：GB/T 450—2008《纸和纸板试样的采取及试样纵横向、正反面的测定》、GB/T 740—2003《纸浆试样的采取》、GB/T 8940. 2—2002《纸浆亮度（白度）试样的制备》、GB/T 7974—2013《纸、纸板和纸浆蓝光漫反射因素 D65 亮度的测定（漫射/垂直法，室外日光条件）》、GB/T 7973—2003《纸浆、纸及纸板漫反射因数测定法（漫射/垂直法）》、GB/T 10739—2003《纸、纸板和纸浆试样处理和实验的标准大气条件》。

阅读任务单，回答下列问题。

检测项目是：________________

检测依据的标准是：________________

检验过程中需要参考的标准是：________________

阅读国家标准 GB/T 7974—2013《纸、纸板和纸浆蓝光漫反射因素 D65 亮度的测定（漫射/垂直法，室外日光条件）》，回答问题。

（1）写出本标准的适用范围。

（2）如何校准仪器的零点和刻度值？

（3）纸样正面和反面的 D65 亮度有差别吗？

（4）采样时应注意什么问题？

（5）为什么所有与纸浆接触的装置，均应由耐腐蚀性材料制造？

8.1.2 纸和纸板不透明度（纸背衬）的测定（漫反射法）

接受检验任务单，见表 8-2。

表 8-2 纸和纸板不透明度（纸背衬）的测定（漫反射法）任务单

样品名称				样品编号	
样品性状及包装				样品数量	
样品存放条件				样品处置	
检验技术依据	GB/T 1543—2005《纸和纸板不透明度（纸背衬）的测定（漫反射法）》				
测试方法和仪器					
检测地点及环境条件					
检验项目	纸和纸板不透明度（纸背衬）的测定（漫反射法）				
收样日期				检测日期	
任务下达人				检验人员	
备　注	样品已领	领样人		日　期	
	检验完成	检验员		日　期	

具体参照标准：GB/T 1543—2005《纸和纸板不透明度（纸背衬）的测定（漫反射法）》、GB/T 450—2008《纸和纸板试样的采取及试样纵横向、正反面的测定》。

阅读任务单，回答下列问题。

检测项目是：________________

检测依据的标准是：________________

检验过程中需要参考的标准是：________________

阅读国家标准 GB/T 1543—2005《纸和纸板不透明度（纸背衬）的测定（漫反射法）》，回答问题。

（1）写出本标准的适用范围。

（2）纸和纸板不透明度（纸背衬）的测定（漫反射法）的测定原理是什么？

（3）为什么黑筒应开口朝下放置在无尘的环境中或盖上防护盖？

（4）试样制备时为什么在试样叠的上、下两面，各另衬一张试样？

（5）试样正面和反面的不透明度是否有差别？

8.1.3　纸和纸板颜色的测定（漫反射法）

接受检验任务单，见表 8-3。

表 8-3　纸和纸板颜色的测定（漫反射法）任务单

样品名称		样品编号	
样品性状及包装		样品数量	
样品存放条件		样品处置	
检验技术依据	GB/T 7975—2005《纸和纸板颜色的测定（漫反射法）》		
测试方法和仪器			

续表 8-3

检测地点及环境条件					
检验项目		纸和纸板颜色的测定（漫反射法）			
收样日期				检测日期	
任务下达人				检验人员	
备　注	样品已领	领样人		日　期	
	检验完成	检验员		日　期	

具体参照标准：GB/T 7975—2005《纸和纸板颜色的测定（漫反射法)》、GB/T 450—2008《纸和纸板试样的采取及试样纵横向、正反面的测定》、GB/T 7973—2003《纸、纸板和纸浆　漫反射因数的测定　漫射/垂直法》、GB/T 10739—2002《纸、纸板和纸浆试样处理和试验的标准大气条件》。

阅读任务单，回答下列问题。

检测项目是：________________________________

检测依据的标准是：________________________________

检验过程中需要参考的标准是：________________________________

阅读国家标准 GB/T 7975—2005《纸和纸板颜色的测定（漫反射法)》，回答问题。

（1）写出本标准的适用范围。

（2）纸和纸板颜色的测定（漫反射法）的测定原理是什么？

（3）为什么应经常校准工作标准？为什么应“有效并经常地使用最新经过校准的参比标准”？

（4）明度指数（L^*）相同的纸张 D65 亮度肯定相同吗？

（5）D65 亮度相同的纸张颜色是否有差别？

学习活动 8.2　制订检测计划

熟读国家标准 GB/T 7974—2013《纸、纸板和纸浆蓝光漫反射因素 D65 亮度的测定（漫射/垂直法，室外日光条件）》、GB/T 1543—2005《纸和纸板不透明度（纸背衬）的测定（漫反射法）》、GB/T 7975—2005《纸和纸板颜色的测定（漫反射法）》并查阅相关的资料，经小组讨论后制订出工作计划（所需设备、人员分工、时间安排、工作流程图等）；并根据国家标准 GB/T 7974—2013《纸、纸板和纸浆蓝光漫反射因素 D65 亮度的测定（漫射/垂直法，室外日光条件）》、GB/T 1543—2005《纸和纸板不透明度（纸背衬）的测定（漫反射法）》、GB/T 7975—2005《纸和纸板颜色的测定（漫反射法）》绘制成品纸的 D65 亮度、不透明度、颜色及色差的检测流程图并报教师审批。

学习活动 8.3　检测准备

按工作计划准备所需的检测纸张及所需要的设备（裁纸刀、白度颜色测定仪等）。

学习活动 8.4　实施检测

按国家标准国家标准 GB/T 7974—2013《纸、纸板和纸浆蓝光漫反射因素 D65 亮度的测定（漫射/垂直法，室外日光条件）》、GB/T 1543—2005《纸和纸板不透明度（纸背衬）的测定（漫反射法）》、GB/T 7975—2005《纸和纸板颜色的测定（漫反射法）》和制订的工作计划校验好白度颜色仪，按国家标准国家标准 GB/T 7974—2013《纸、纸板和纸浆蓝光漫反射因素 D65 亮度的测定（漫射/垂直法，室外日光条件）》、GB/T 1543—2005《纸和纸板不透明度（纸背衬）的测定（漫反射法）》、GB/T 7975—2005《纸和纸板颜色的测定（漫反射法）》及教师审批过的检测流程图进行成品纸的 D65 亮度、不透明度、颜色及色差的检测。

学习活动 8.5　数据分析及结果报告

记录原始数据，填写原始记录，按相关公式计算出成品纸的色差。自行设计并填写分析报告。

学习活动 8.6　总结与评价

学习目标

（1）能分析总结试样采取、样品前处理情况、白度颜色仪使用情况、D65 亮度、不透明度、颜色的测定、色差计算的情况及数据处理结果。

（2）能根据评价标准进行客观评价。

学习过程

（1）样品前处理过程中的注意事项有哪些？

（2）D65 亮度的数值有可能大于 100% 吗？

（3）制备纸浆试样的过程中，为什么要使用分析纯试剂？

（4）热、光及试样的水分变化对试样有什么影响？

（5）自评、互评、教师评价，根据评价标准进行打分，填入表 8-4 ~ 表 8-7。

表 8-4　学生自我评价表

<table>
<tr><td colspan="2">任务名称</td><td colspan="4">纸、纸板 D65 亮度、不透明度及颜色的测定</td></tr>
<tr><td colspan="2">姓　名</td><td></td><td>指导教师</td><td colspan="2"></td></tr>
<tr><td colspan="2">项　目</td><td colspan="2">考核要求及标准</td><td>配分</td><td>分值</td></tr>
<tr><td rowspan="12">职业素质</td><td rowspan="3">出　勤</td><td colspan="2">全勤</td><td>15</td><td rowspan="3"></td></tr>
<tr><td colspan="2">出勤不少于总课时 1/2</td><td>5 ~ 14</td></tr>
<tr><td colspan="2">出勤少于总课时 1/2</td><td>0</td></tr>
<tr><td rowspan="3">仪容仪表</td><td colspan="2">工作服装穿戴整洁；不佩戴饰品；不化妆；不穿拖鞋；不穿短裙、短裤</td><td>11 ~ 15</td><td rowspan="3"></td></tr>
<tr><td colspan="2">符合以上至少三项要求</td><td>1 ~ 10</td></tr>
<tr><td colspan="2">不符合以上要求</td><td>0</td></tr>
<tr><td rowspan="3">工作态度</td><td colspan="2">遵守纪律，积极参与学习活动</td><td>11 ~ 15</td><td rowspan="3"></td></tr>
<tr><td colspan="2">基本遵守纪律，能参与学习活动</td><td>1 ~ 10</td></tr>
<tr><td colspan="2">不遵守纪律，不参与学习活动</td><td>0</td></tr>
<tr><td rowspan="3">环保意识</td><td colspan="2">随时保持实验场地整洁</td><td>11 ~ 15</td><td rowspan="3"></td></tr>
<tr><td colspan="2">基本能保持实验场地整洁</td><td>1 ~ 10</td></tr>
<tr><td colspan="2">实验场地杂乱</td><td>0</td></tr>
</table>

续表 8-4

项　目		考核要求及标准		配分	分值
专业能力	任务单填写	填写完整，字迹工整		6 ~ 10	
		填写不完整，字迹清晰		1 ~ 5	
		填写不完整，字迹潦草		0	
	原始记录	填写完整，字迹工整		11 ~ 15	
		填写不完整，字迹清晰		1 ~ 10	
		填写不完整，字迹潦草		0	
	报告单填写	填写完整，字迹工整		11 ~ 15	
		填写不完整，字迹清晰		1 ~ 10	
		填写不完整，字迹潦草		0	
合　计				100	
开始时间			结束时间		

表 8-5　小组评价表

任务名称		纸、纸板 D65 亮度、不透明度及颜色的测定			
姓　名			指导教师		
项　目		考核要求及标准		配分	分值
职业素质	出　勤	全勤		10	
		出勤不少于总课时 1/2		1 ~ 9	
		出勤少于总课时 1/2		0	
	仪容仪表	工作服装穿戴整洁；不佩戴饰品；不化妆；不穿拖鞋；不穿短裙、短裤		5	
		符合以上至少二项要求		1 ~ 4	
		不符合以上要求		0	
	工作态度	遵守纪律，积极参与学习活动		5	
		基本遵守纪律，能参与学习活动		1 ~ 4	
		不遵守纪律，不参与学习活动		0	
	安全意识	具有安全预防意识，遵守安全操作规定		5	
		具有安全预防意识，基本遵守安全操作规定		1 ~ 4	
		无安全预防意识，不遵守安全操作规定		0	
	环保意识	随时保持实验场地整洁		5	
		基本能保持实验场地整洁		1 ~ 4	
		实验场地杂乱		0	
	合作意识	合作意识强，具有团队领导能力		10	
		具有合作意识，不主动参与团队活动		1 ~ 9	
		合作意识差，不参与团队活动		0	

续表 8-5

项　目		考核要求及标准		配分	分值
专业素质	任务单填写	填写完整，字迹工整		11 ~ 15	
		填写不完整，字迹清晰		1 ~ 10	
		填写不完整，字迹潦草		0	
	实验准备	实验准备充分，能按要求采样		11 ~ 15	
		实验准备基本充分，能按要求采样		1 ~ 10	
		实验准备不充分，未按要求采样		0	
	原始记录	填写完整，字迹工整		11 ~ 15	
		填写不完整，字迹清晰		1 ~ 10	
		填写不完整，字迹潦草		0	
	报告单填写	填写完整，字迹工整		11 ~ 15	
		填写不完整，字迹清晰		1 ~ 10	
		填写不完整，字迹潦草		0	
合　计				100	
开始时间			结束时间		

表 8-6　教师评价表

任务名称		纸、纸板 D65 亮度、不透明度及颜色的测定			
姓　名			指导教师		
项　目		考核要求及标准		配分	分值
职业素质	出　勤	全勤		5	
		出勤不少于总课时 1/2		1 ~ 4	
		出勤少于总课时 1/2		0	
	仪容仪表	工作服装穿戴整洁；不佩戴饰品；不化妆；不穿拖鞋；不穿短裙、短裤		4	
		符合以上至少二项要求		1 ~ 3	
		不符合以上要求		0	
	工作态度	遵守纪律，积极参与学习活动		4	
		基本遵守纪律，能参与学习活动		1 ~ 3	
		不遵守纪律，不参与学习活动		0	
	工作纪律	遵守实验室规章制度		4	
		基本遵守实验室规章制度		1 ~ 3	
		不遵守实验室规章制度		0	
	安全意识	具有安全预防意识，遵守安全操作规定		4	
		具有安全预防意识，基本遵守安全操作规定		1 ~ 3	
		无安全预防意识，不遵守安全操作规定		0	

续表 8-6

<table>
<tr><th colspan="2">项　目</th><th>考核要求及标准</th><th>配分</th><th>分值</th></tr>
<tr><td rowspan="6">职业素质</td><td rowspan="3">环保意识</td><td>随时保持实验场地整洁</td><td>4</td><td rowspan="3"></td></tr>
<tr><td>基本能保持实验场地整洁</td><td>1 ~ 3</td></tr>
<tr><td>实验场地杂乱</td><td>0</td></tr>
<tr><td rowspan="3">合作意识</td><td>合作意识强，具有团队领导能力</td><td>5</td><td rowspan="3"></td></tr>
<tr><td>具有合作意识，不主动参与团队活动</td><td>1 ~ 4</td></tr>
<tr><td>合作意识差，不参与团队活动</td><td>0</td></tr>
<tr><td rowspan="30">专业素质</td><td rowspan="3">任务单填写</td><td>填写完整、规范，字迹工整</td><td>5</td><td rowspan="3"></td></tr>
<tr><td>填写不完整，缺乏规范性，字迹清晰</td><td>1 ~ 4</td></tr>
<tr><td>填写不完整，不规范</td><td>0</td></tr>
<tr><td rowspan="3">检测计划</td><td>计划制订合理、分工明确</td><td>5</td><td rowspan="3"></td></tr>
<tr><td>计划制订基本合理，分工明确</td><td>1 ~ 4</td></tr>
<tr><td>计划制定不合理，分工不明确</td><td>0</td></tr>
<tr><td rowspan="3">实验准备</td><td>实验准备充分，能按要求检查白度颜色仪</td><td>5</td><td rowspan="3"></td></tr>
<tr><td>实验基本准备充分，基本能按要求检查白度颜色仪</td><td>1 ~ 4</td></tr>
<tr><td>实验准备不充分，不能按要求检查白度颜色仪</td><td>0</td></tr>
<tr><td rowspan="3">样品处理</td><td>采样正确，样品处理正确</td><td>5</td><td rowspan="3"></td></tr>
<tr><td>采样基本正确，样品处理基本正确</td><td>1 ~ 4</td></tr>
<tr><td>采样不正确，样品处理不正确</td><td>0</td></tr>
<tr><td rowspan="3">白度的测定</td><td>白度仪使用正确、白度的测定准确</td><td>10</td><td rowspan="3"></td></tr>
<tr><td>白度仪使用基本正确、白度的测定基本准确</td><td>1 ~ 9</td></tr>
<tr><td>白度仪使用不正确、白度的测定不准确</td><td>0</td></tr>
<tr><td rowspan="3">不透明度
的测定</td><td>白度仪使用正确、不透明度的测定准确</td><td>10</td><td rowspan="3"></td></tr>
<tr><td>白度仪使用基本正确、不透明度的测定基本准确</td><td>1 ~ 9</td></tr>
<tr><td>白度仪使用不正确、不透明度的测定不准确</td><td>0</td></tr>
<tr><td rowspan="3">色差的计算</td><td>颜色测定正确，色差的计算准确</td><td>10</td><td rowspan="3"></td></tr>
<tr><td>颜色测定正确，色差的计算误差为 ±10% ~ ±20%</td><td>1 ~ 9</td></tr>
<tr><td>颜色测定基本正确，色差的计算误差大于 ±20%</td><td>0</td></tr>
<tr><td rowspan="3">原始记录</td><td>填写真实、规范</td><td>5</td><td rowspan="3"></td></tr>
<tr><td>填写真实，缺乏规范性</td><td>1 ~ 4</td></tr>
<tr><td>填写不真实、不规范</td><td>0</td></tr>
<tr><td rowspan="3">数据处理
及误差分析</td><td>数据处理正确，绝对误差不超过平均值的 10%</td><td>10</td><td rowspan="3"></td></tr>
<tr><td>数据基本处理正确，绝对误差为平均值的 10% ~15%</td><td>1 ~ 9</td></tr>
<tr><td>数据处理不正确，绝对误差大于平均值的 15%</td><td>0</td></tr>
<tr><td rowspan="3">报告单填写</td><td>填写完整，字迹工整</td><td>5</td><td rowspan="3"></td></tr>
<tr><td>填写不完整，字迹清晰</td><td>1 ~ 4</td></tr>
<tr><td>填写不完整，字迹潦草</td><td>0</td></tr>
<tr><td colspan="2">合　计</td><td></td><td>100</td><td></td></tr>
<tr><td colspan="2">开始时间</td><td>　　　　结束时间</td><td colspan="2"></td></tr>
</table>

注：如发生安全事故或出现故意毁坏仪器设备等情况，本次任务计为 0 分。

表 8-7　任务成绩

自我评价		小组评价		教师评价	
计算公式	本次任务成绩 = 自我评价 ×20% + 小组评价 ×20% + 教师评价 ×60%				
本次任务成绩					
本次任务是否发生安全事故或故意毁坏仪器设备等情况：□是　□否					

任务9 横向吸液高度的测定（克列姆法）

学习目标

（1）了解纸和纸板横向吸液高度的检测方法和测定意义。

（2）掌握横向吸液高度的测定原理及方法。

（3）掌握横向吸液高度测定仪的使用方法及注意事项。

（4）掌握纸和纸板横向吸液高度的计算原理及方法。

（5）能识读国家标准 GB/T 461.1—2002《纸和纸板毛细吸液高度的测定（克列姆法）》。

（6）能按现场7S及相关标准，整理现场和处理废弃物。

（7）掌握克列姆试验仪的维护及校验。

（8）能熟练使用电脑等工具查阅资料。

建议课时 32课时

任务描述

按国标 GB/T 450—2008《纸和纸板试样的采取及试样纵横向、正反面的测定》采样，按 GB/T 461.1—2002《纸和纸板毛细吸液高度的测定（克列姆法）》进行测定。夹好试样后轻轻放下夹纸器的横梁，使试样垂直插入（23±1)℃的试剂中5mm，开动秒表计时，10min±10s后读取毛细吸液高度。计算出纵、横向各5条试样的试验平均值，精确至1mm。

相关知识

横向吸液高度是卫生纸产品的一个重要指标，它反映卫生纸吸水性能。横向吸液高度值越大，说明卫生纸吸水性能越好。

横向吸液高度主要取决于纸页横向纤维之间的毛细管效应。毛细管效应越强吸水性越好。

横向吸液高度定义：按规定的试验方法，测定纸和纸板在一定时间后的毛细吸液高度（纸和纸板被润湿的高度）。试剂为蒸馏水或去离子水。测定方法参照 GB/T 461.1—2002《纸和纸板毛细吸液高度的测定（克列姆法）》。

影响因素：

（1）影响毛细管效应横向吸液高度的主要原因，是浆料的种类及生产过程的控制。一般来说纯木浆、游离状打浆、紧度低的纸吸水性较好。

(2) 卫生纸产品的横向吸液高度在实验室检测过程中的主要影响因素有温度、湿度。通过试验可以得出这些因素对卫生纸产品横向吸液高度检测结果的影响变化趋势。

学习活动

学习活动9.1　接受任务（建议4课时）。

学习活动9.2　制订检测计划（建议7课时）。

学习活动9.3　检测准备（建议2课时）。

学习活动9.4　实施检测（建议12课时）。

学习活动9.5　数据分析及结果报告（建议4课时）。

学习活动9.6　总结与评价（建议3课时）。

学习活动9.1　接受任务

学习目标

(1) 了解纸和纸板横向吸液高度检测的意义。

(2) 能识读任务单，明确检测项目。

(3) 能解读国家标准的范围和原理。

学习过程

接受检验任务单，见表9-1。

表9-1　纸和纸板横向吸液高度的测定任务单

样品名称				样品编号	
样品性状及包装				样品数量	
样品存放条件				样品处置	
检验技术依据		GB/T 461.1—2002《纸和纸板毛细吸液高度的测定（克列姆法）》			
测试方法和仪器					
检测地点及环境条件					
检验项目		纸和纸板横向吸液高度的测定			
收样日期				检测日期	
任务下达人				检验人员	
备　注	样品已领	领样人		日　期	
	检验完成	检验员		日　期	

具体参照标准：GB/T 461.1—2002《纸和纸板毛细吸液高度的测定（克列姆法）》、GB/T 450—2008《纸和纸板试样的采取及试样纵横向、正反面的测定》、GB/T 10739—2002《纸、纸板和纸浆试样处理和试验的标准大气条件》。

阅读任务单，回答下列问题。

检测项目是：________________

检测依据的标准是：________________

检验过程中需要参考的标准是：________________

阅读国家标准 GB/T 461.1—2002《纸和纸板毛细吸液高度的测定（克列姆法）》，回答问题。

（1）写出本标准的适用范围。

（2）要测量卫生纸的横向吸液高度，应如何制备纸样？

（3）克列姆试验仪测定纸的毛细吸液高度的原理是什么？

（4）横向吸液高度的试验结果受哪些因素的影响？

学习活动9.2　制订检测计划

熟读国家标准 GB/T 450—2008《纸和纸板试样的采取及试样纵横向、正反面的测定》、GB/T 461.1—2002《纸和纸板毛细吸液高度的测定（克列姆法）》并查阅相关的资料，经小组讨论后制订出检测工作计划（所需材料、设备、人员分工、时间安排、工作流程图等），并根据国家标准 GB/T 461.1—2002《纸和纸板毛细吸液高度的测定（克列姆法）》绘制纸和纸板横向吸液高度的检测流程图并报教师审批。

学习活动9.3　检测准备

按检测工作计划准备所需的检测纸张及所需要的设备（裁纸刀、克列姆试验仪等）。

学习活动 9.4　实施检测

按照制订的检测工作计划校验好克列姆试验仪，按国家标准 GB/T 461. 1—2002《纸和纸板毛细吸液高度的测定（克列姆法）》及教师审批过的检测流程图进行纸和纸板横向吸液高度的检测。

学习活动 9.5　数据分析及结果报告

记录原始数据，根据测定得到的数据，按公式计算出纸和纸板横向吸液高度。自行设计并填写分析报告。

学习活动 9.6　总结与评价

学习目标

（1）能分析总结试样采取、样品前处理情况、克列姆试验仪使用情况、横向吸液高度的测试情况及数据处理结果。

（2）能根据评价标准进行客观评价。

学习过程

（1）样品前处理过程中的注意事项有哪些？

（2）横向吸液高度的试验结果如何表示？

（3）归纳总结纸的横向吸液高度测定的注意事项。

（4）组长对组员化验结果进行总结。

（5）自评、互评、教师评价，根据评价标准进行打分，填入表 9-2 ~ 表 9-5。

表 9-2　学生自我评价表

任务名称		纸和纸板横向吸液高度的测定			
姓　名			指导教师		
项　目		考核要求及标准		配分	分值
职业素质	出　勤	全勤		15	
		出勤不少于总课时 1/2		5 ~ 14	
		出勤少于总课时 1/2		0	
	仪容仪表	工作服装穿戴整洁；不佩戴饰品；不化妆；不穿拖鞋；不穿短裙、短裤		11 ~ 15	
		符合以上至少三项要求		1 ~ 10	
		不符合以上要求		0	
	工作态度	遵守纪律，积极参与学习活动		11 ~ 15	
		基本遵守纪律，能参与学习活动		1 ~ 10	
		不遵守纪律，不参与学习活动		0	
	环保意识	随时保持实验场地整洁		11 ~ 15	
		基本能保持实验场地整洁		1 ~ 10	
		实验场地杂乱		0	
专业能力	任务单填写	填写完整，字迹工整		6 ~ 10	
		填写不完整，字迹清晰		1 ~ 5	
		填写不完整，字迹潦草		0	
	原始记录	填写完整，字迹工整		11 ~ 15	
		填写不完整，字迹清晰		1 ~ 10	
		填写不完整，字迹潦草		0	
	报告单填写	填写完整，字迹工整		11 ~ 15	
		填写不完整，字迹清晰		1 ~ 10	
		填写不完整，字迹潦草		0	
合　计				100	
开始时间			结束时间		

表 9-3　小组评价表

项　目		考核要求及标准	配分	分值
任务名称		纸和纸板横向吸液高度的测定		
姓　名		指导教师		
职业素质	出　勤	全勤	10	
		出勤不少于总课时 1/2	1～9	
		出勤少于总课时 1/2	0	
	仪容仪表	工作服装穿戴整洁；不佩戴饰品；不化妆；不穿拖鞋；不穿短裙、短裤	5	
		符合以上至少三项要求	1～4	
		不符合以上要求	0	
	工作态度	遵守纪律，积极参与学习活动	5	
		基本遵守纪律，能参与学习活动	1～4	
		不遵守纪律，不参与学习活动	0	
	安全知识	具有安全预防意识，遵守安全操作规定	5	
		具有安全预防意识，基本遵守安全操作规定	1～4	
		无安全预防意识，不遵守安全操作规定	0	
	环保意识	随时保持实验场地整洁	5	
		基本能保持实验场地整洁	1～4	
		实验场地杂乱	0	
	合作意识	合作意识强，具有团队领导能力	10	
		具有合作意识，不主动参与团队活动	1～9	
		合作意识差，不参与团队活动	0	
专业能力	任务单填写	填写完整，字迹工整	11～15	
		填写不完整，字迹清晰	1～10	
		填写不完整，字迹潦草	0	
	实验准备	实验准备充分，能按要求采样	11～15	
		实验准备基本充分，能按要求采样	1～10	
		实验准备不充分，未按要求采样	0	
	原始记录	填写完整，字迹工整	11～15	
		填写不完整，字迹清晰	1～10	
		填写不完整，字迹潦草	0	
	报告单填写	填写完整，字迹工整	11～15	
		填写不完整，字迹清晰	1～10	
		填写不完整，字迹潦草	0	
合　计			100	
开始时间		结束时间		

表9-4　教师评价表

任务名称		纸和纸板横向吸液高度的测定		
姓　名			指导教师	
项　目		考核要求及标准	配分	分值
职业素质	出　勤	全勤	5	
		出勤不少于总课时1/2	1~4	
		出勤少于总课时1/2	0	
	仪容仪表	工作服装穿戴整洁；不佩戴饰品；不化妆；不穿拖鞋；不穿短裙、短裤	4	
		符合以上至少二项要求	1~3	
		不符合以上要求	0	
	工作态度	遵守纪律，积极参与学习活动	4	
		基本遵守纪律，能参与学习活动	1~3	
		不遵守纪律，不参与学习活动	0	
	工作纪律	遵守实验室规章制度	4	
		基本遵守实验室规章制度	1~3	
		不遵守实验室规章制度	0	
	安全意识	具有安全预防意识，遵守安全操作规定	4	
		具有安全预防意识，基本遵守安全操作规定	1~3	
		无安全预防意识，不遵守安全操作规定	0	
	环保意识	随时保持实验场地整洁	4	
		基本能保持实验场地整洁	1~3	
		实验场地杂乱	0	
	合作意识	合作意识强，具有团队领导能力	5	
		具有合作意识，不主动参与团队活动	1~4	
		合作意识差，不参与团队活动	0	
专业素质	任务单填写	填写完整、规范，字迹工整	5	
		填写不完整，缺乏规范性，字迹清晰	1~4	
		填写不完整，不规范	0	
	检测计划	计划制订合理、分工明确	5	
		计划制订基本合理，分工明确	1~4	
		计划制定不合理，分工不明确	0	
	实验准备	实验准备充分，能按要求校验克列姆试验仪	5	
		实验基本准备充分，基本能按要求校验克列姆试验仪	1~4	
		实验准备不充分，不能按要求校验克列姆试验仪	0	
	样品处理	采样正确，样品处理正确	5	
		采样基本正确，样品处理基本正确	1~4	
		采样不正确，样品处理不正确	0	

续表9-4

项　目		考核要求及标准	配分	分值
专业素质	横向吸液高度的测定	克列姆试验仪使用正确、横向吸液高度的测定准确	15	
		克列姆试验仪使用基本正确、横向吸液高度的测定基本准确	1~14	
		克列姆试验仪使用不正确、横向吸液高度的测定不准确	0	
	横向吸液高度的计算	使用公式正确，横向吸液高度的计算正确	10	
		使用公式正确，横向吸液高度的计算误差为±10%~±20%	1~9	
		使用公式正确，横向吸液高度的计算误差大于±20%	0	
	原始记录	填写真实、规范	5	
		填写真实，缺乏规范性	1~4	
		填写不真实、不规范	0	
	数据处理及误差分析	数据处理正确，绝对误差不超过平均值的10%	15	
		数据基本处理正确，绝对误差为平均值的10%~15%	1~14	
		数据处理不正确，绝对误差大于平均值的15%	0	
	报告单填写	填写完整，字迹工整	5	
		填写不完整，字迹清晰	1~4	
		填写不完整，字迹潦草	0	
合　计			100	
开始时间			结束时间	

注：如发生安全事故或出现故意毁坏仪器设备等情况，本次任务计为0分。

表9-5　任务成绩

自我评价		小组评价		教师评价	
计算公式	本次任务成绩=自我评价×20%+小组评价×20%+教师评价×60%				
本次任务成绩					
本次任务是否发生安全事故或故意毁坏仪器设备等情况：□是　□否					

任务10　柔软度的测定

学习目标

（1）了解卫生纸、纸巾纸等纸品柔软度的检测方法和测定意义。

（2）掌握柔软度的测定原理及方法。

（3）掌握柔软度测定仪的使用方法及注意事项。

（4）掌握柔软度的计算原理及方法。

（5）能识读国家标准 GB/T 8942—2002《纸柔软度的测定》。

（6）能按现场 7S 及相关标准，整理现场和处理废弃物。

（7）掌握柔软度测定仪的维护及校验。

（8）能熟练使用电脑等工具查阅资料。

建议课时

32 课时

任务描述

按国标 GB/T 450—2008《纸和纸板试样的采取及试样纵横向、正反面的测定》采样，使用柔软度仪按 GB/T 8942—2002《纸柔软度的测定》进行测定。按仪器说明书开机预热后，调节仪器零点，并按产品标准的规定，调节狭缝宽度。将试样置于仪器试验台上，并尽可能地使之对称于狭缝，多层试样应采取上下叠放方式。将仪器峰值/跟踪开关拨到峰值位置，按下测试按钮，仪器板状测头开始运动。待测头走完全程后，从显示器上读取测量值，然后进行下一试样的测试，纵横向应分别测试 10 个数据，以纵横向测试结果的算术平均值表示结果，单位为 mN，修约至整数。

相关知识

（1）概述。柔软度是卫生纸产品的一个重要指标，由于肉眼和手感不能准确测量其实际值，因而必须借助仪器进行柔软度的测量。按照国家标准 GB/T 8942—2002《纸柔软度的测定》，采用手感式柔软度测定仪进行卫生纸等纸品柔软度的测定。

柔软度是纸张表面光滑程度与纸的挺度的综合表现，数值越大，代表产品的柔软性越差；数值越小，产品的柔软性越好。好的卫生纸给人柔软舒适的感觉。

（2）定义。在规定的条件下，当板状测头将试样压狭缝中一定深度（约 8mm）时，试样本身的抗弯曲力和试样与缝隙处摩擦力的最大矢量之和称为柔软度。测定方法参照 GB/T 8942—2002《纸柔软度的测定》。

（3）影响因素。纸的柔软性主要与浆料种类、打浆及抄造工艺等因素有关。

1）一般来说棉浆优于木浆，木浆优于麦草浆，柔软度超标的卫生纸使用起来手感粗糙。

2）通常采用长纤维浆、低打浆度以降低纤维的结合强度和紧度，增加纸张的弹性及可压缩性，从而增加其柔软性。

3）在生活用纸的生产工艺中还采用成纸起皱工艺，降低纤维的结合力，使纸张获得柔软性。

（4）纸种要求。对柔软性要求较高的纸张有卫生纸、皱纹纸、手帕纸、餐巾纸等纸品；其他纸种特别是加工纸对柔软性能的要求也越来越高，故柔软剂在造纸中的应用越来越引起重视。

学习活动

学习活动 10.1　接受任务（建议 4 课时）。
学习活动 10.2　制订检测计划（建议 7 课时）。
学习活动 10.3　检测准备（建议 2 课时）。
学习活动 10.4　实施检测（建议 12 课时）。
学习活动 10.5　数据分析及结果报告（建议 4 课时）。
学习活动 10.6　总结与评价（建议 3 课时）。

学习活动 10.1　接受任务

学习目标

（1）了解纸柔软度检测的意义。
（2）能识读任务单，明确检测项目。
（3）能解读国家标准的范围和原理。

学习过程

接受检验任务单，见表 10-1。

表 10-1　纸柔软度的测定任务单

样品名称		样品编号	
样品性状及包装		样品数量	
样品存放条件		样品处置	
检验技术依据	GB/T 8942—2002《纸柔软度的测定》		
测试方法和仪器			
检测地点及环境条件			

续表 10-1

<table>
<tr><td colspan="2">检验项目</td><td colspan="4">纸柔软度的测定</td></tr>
<tr><td colspan="2">收样日期</td><td colspan="2"></td><td>检测日期</td><td></td></tr>
<tr><td colspan="2">任务下达人</td><td colspan="2"></td><td>检验人员</td><td></td></tr>
<tr><td rowspan="2">备　注</td><td>样品已领</td><td>领样人</td><td></td><td>日　期</td><td></td></tr>
<tr><td>检验完成</td><td>检验员</td><td></td><td>日　期</td><td></td></tr>
</table>

具体参照标准：GB/T 8942—2002《纸柔软度的测定》、GB/T 450—2008《纸和纸板试样的采取及试样纵横向、正反面的测定》、GB/T 10739—2002《纸、纸板和纸浆试样处理和试验的标准大气条件》。

阅读任务单，回答下列问题。

检测项目是：________________

检测依据的标准是：________________

检验过程中需要参考的标准是：________________

阅读国家标准 GB/T 8942—2002《纸柔软度的测定》，回答问题。

（1）写出本标准的适用范围。

（2）要测量卫生纸的柔软度，应如何制备纸样？

（3）柔软度仪开机预热后，应如何调节狭缝宽度？狭缝宽度误差如何控制？

（4）柔软度的试验结果如何表示？

（5）柔软度的试验结果受哪些因素的影响？

学习活动 10.2　制订检测计划

熟读国家标准 GB/T 450—2008《纸和纸板试样的采取及试样纵横向、正反面的测定》、GB/T 8942—2002《纸柔软度的测定》并查阅相关的资料，经小组讨论后制订出检测工作计划（所需材料、设备、人员分工、时间安排、工作流程图等），并根据国家标准 GB/T 8942—2002《纸柔软度的测定》绘制纸柔软度的检测流程图并报教师审批。

学习活动 10.3　检测准备

按检测工作计划准备所需的检测纸张及所需要的设备（裁纸刀、柔软度测定仪等）。

学习活动 10.4　实施检测

按照制订的检测工作计划校验好柔软度测定仪，按国家标准 GB/T 8942—2002《纸柔软度的测定》及教师审批过的检测流程图进行纸柔软度的检测。

学习活动 10.5　数据分析及结果报告

记录原始数据，根据测定得到的数据，按公式计算出纸的柔软度。自行设计并填写分析报告。

学习活动 10.6　总结与评价

学习目标

（1）能分析总结试样采取、样品前处理情况、柔软度测定仪使用情况、柔软度的测试情况及数据处理结果。

（2）能根据评价标准进行客观评价。

学习过程

（1）样品前处理过程中的注意事项有哪些？

（2）如何进行柔软度仪的狭缝宽度、宽度误差及平行度检查？

（3）如何进行柔软度测定仪的精确度检查？

（4）纸的横向柔软度和纵向柔软度有区别吗？同一张纸横向柔软度大还是纵向柔软度大？

（5）组长对组员化验结果进行总结。

（6）自评、互评、教师评价，根据评价标准进行打分，填入表10-2～表10-5。

表10-2　学生自我评价表

任务名称		纸柔软度的测定		
姓　名			指导教师	
项　目		考核要求及标准	配分	分值
职业素质	出　勤	全勤	15	
		出勤不少于总课时1/2	5～14	
		出勤少于总课时1/2	0	
	仪容仪表	工作服装穿戴整洁；不佩戴饰品；不化妆；不穿拖鞋；不穿短裙、短裤	11～15	
		符合以上至少三项要求	1～10	
		不符合以上要求	0	
	工作态度	遵守纪律，积极参与学习活动	11～15	
		基本遵守纪律，能参与学习活动	1～10	
		不遵守纪律，不参与学习活动	0	
	环保意识	随时保持实验场地整洁	11～15	
		基本能保持实验场地整洁	1～10	
		实验场地杂乱	0	
专业能力	任务单填写	填写完整，字迹工整	6～10	
		填写不完整，字迹清晰	1～5	
		填写不完整，字迹潦草	0	
	原始记录	填写完整，字迹工整	11～15	
		填写不完整，字迹清晰	1～10	
		填写不完整，字迹潦草	0	
	报告单填写	填写完整，字迹工整	11～15	
		填写不完整，字迹清晰	1～10	
		填写不完整，字迹潦草	0	
合　计			100	
开始时间			结束时间	

表 10-3　小组评价表

任务名称		纸柔软度的测定		
姓　名			指导教师	
项　目		考核要求及标准	配分	分值
职业素质	出　勤	全勤	10	
		出勤不少于总课时 1/2	1 ~ 9	
		出勤少于总课时 1/2	0	
	仪容仪表	工作服装穿戴整洁；不佩戴饰品；不化妆；不穿拖鞋；不穿短裙、短裤	5	
		符合以上至少三项要求	1 ~ 4	
		不符合以上要求	0	
	工作态度	遵守纪律，积极参与学习活动	5	
		基本遵守纪律，能参与学习活动	1 ~ 4	
		不遵守纪律，不参与学习活动	0	
	安全知识	具有安全预防意识，遵守安全操作规定	5	
		具有安全预防意识，基本遵守安全操作规定	1 ~ 4	
		无安全预防意识，不遵守安全操作规定	0	
	环保意识	随时保持实验场地整洁	5	
		基本能保持实验场地整洁	1 ~ 4	
		实验场地杂乱	0	
	合作意识	合作意识强，具有团队领导能力	10	
		具有合作意识，不主动参与团队活动	1 ~ 9	
		合作意识差，不参与团队活动	0	
专业能力	任务单填写	填写完整，字迹工整	11 ~ 15	
		填写不完整，字迹清晰	1 ~ 10	
		填写不完整，字迹潦草	0	
	实验准备	实验准备充分，能按要求采样	11 ~ 15	
		实验准备基本充分，能按要求采样	1 ~ 10	
		实验准备不充分，未按要求采样	0	
	原始记录	填写完整，字迹工整	11 ~ 15	
		填写不完整，字迹清晰	1 ~ 10	
		填写不完整，字迹潦草	0	
	报告单填写	填写完整，字迹工整	11 ~ 15	
		填写不完整，字迹清晰	1 ~ 10	
		填写不完整，字迹潦草	0	
合　计			100	
开始时间			结束时间	

表 10-4　教师评价表

任务名称		纸柔软度的测定		
姓　名			指导教师	
项　目		考核要求及标准	配分	分值
职业素质	出　勤	全勤	5	
		出勤不少于总课时 1/2	1 ~ 4	
		出勤少于总课时 1/2	0	
	仪容仪表	工作服装穿戴整洁；不佩戴饰品；不化妆；不穿拖鞋；不穿短裙、短裤	4	
		符合以上至少二项要求	1 ~ 3	
		不符合以上要求	0	
	工作态度	遵守纪律，积极参与学习活动	4	
		基本遵守纪律，能参与学习活动	1 ~ 3	
		不遵守纪律，不参与学习活动	0	
	工作纪律	遵守实验室规章制度	4	
		基本遵守实验室规章制度	1 ~ 3	
		不遵守实验室规章制度	0	
	安全意识	具有安全预防意识，遵守安全操作规定	4	
		具有安全预防意识，基本遵守安全操作规定	1 ~ 3	
		无安全预防意识，不遵守安全操作规定	0	
	环保意识	随时保持实验场地整洁	4	
		基本能保持实验场地整洁	1 ~ 3	
		实验场地杂乱	0	
	合作意识	合作意识强，具有团队领导能力	5	
		具有合作意识，不主动参与团队活动	1 ~ 4	
		合作意识差，不参与团队活动	0	
专业素质	任务单填写	填写完整、规范，字迹工整	5	
		填写不完整，缺乏规范性，字迹清晰	1 ~ 4	
		填写不完整，不规范	0	
	检测计划	计划制订合理、分工明确	5	
		计划制订基本合理，分工明确	1 ~ 4	
		计划制定不合理，分工不明确	0	
	实验准备	实验准备充分，能按要求校验柔软度测定仪	5	
		实验基本准备充分，基本能按要求校验柔软度测定仪	1 ~ 4	
		实验准备不充分，不能按要求校验柔软度测定仪	0	
	样品处理	采样正确，样品处理正确	5	
		采样基本正确，样品处理基本正确	1 ~ 4	
		采样不正确，样品处理不正确	0	

续表 10-4

项　目		考核要求及标准	配分	分值
专业素质	柔软度的测定	柔软度测定仪使用正确、柔软度的测定准确	15	
		柔软度测定仪使用基本正确、柔软度的测定基本准确	1 ~ 14	
		柔软度测定仪使用不正确、柔软度的测定不准确	0	
	柔软度的计算	使用公式正确，柔软度的计算正确	10	
		使用公式正确，柔软度的计算误差为 ±10% ~ ±20%	1 ~ 9	
		使用公式正确，柔软度的计算误差大于 ±20%	0	
	原始记录	填写真实、规范	5	
		填写真实，缺乏规范性	1 ~ 4	
		填写不真实、不规范	0	
	数据处理及误差分析	数据处理正确，绝对误差不超过平均值的 10%	15	
		数据基本处理正确，绝对误差为平均值的 10% ~ 15%	1 ~ 14	
		数据处理不正确，绝对误差大于平均值的 15%	0	
	报告单填写	填写完整，字迹工整	5	
		填写不完整，字迹清晰	1 ~ 4	
		填写不完整，字迹潦草	0	
合　计			100	
开始时间		结束时间		

注：如发生安全事故或出现故意毁坏仪器设备等情况，本次任务计为 0 分。

表 10-5　任务成绩

自我评价		小组评价		教师评价	
计算公式	本次任务成绩 = 自我评价 ×20% + 小组评价 ×20% + 教师评价 ×60%				
本次任务成绩					
本次任务是否发生安全事故或故意毁坏仪器设备等情况：□是　□否					

任务11 微生物指标的测定

学习目标

（1）了解微生物指标的测定方法。
（2）掌握培养基的制备、显微镜及超净工作台的使用。
（3）正确识读任务单，选择检测方法。
（4）能解读国家标准 GB 20810—2006《卫生纸（含卫生纸原纸）》。
（5）规范填写微生物指标的检测原始记录表，出具检测报告。
（6）能按现场 7S 及相关标准，整理现场和处理废弃物。
（7）能熟练使用电脑查阅资料。

建议课时 **128 课时**

任务描述

作为卫生纸（含卫生纸原纸）质量管理的重要组成部分，微生物指标的检测是必不可少的，它是贯彻“预防为主”的方针，可以有效地防止或者减少人接触劣质卫生纸导致患病的发生，保障人民的身体健康。微生物指标是卫生纸卫生质量的重要指标之一，也是判定卫生纸是否合格的科学依据之一。通过微生物指标检测，可以判断卫生纸加工环境及卫生情况，能够对卫生纸被细菌污染的程度作出正确的评价，为各项卫生管理工作提供科学依据。

相关知识

我国卫生纸执行强制性国家标准 GB 20810—2006《卫生纸（含卫生纸原纸）》，该标准规定了包括定量、亮度（白度）、毛细吸收高度等技术指标和细菌菌落总数、大肠菌群、金黄色葡萄球菌、溶血性链球菌等微生物指标。

目前国际标准化组织（ISO）及欧盟、加拿大、澳大利亚等均没有制定专门的卫生纸产品标准。美国、日本、韩国、南非等国家制定有产品标准，但主要是对卫生纸的物理性能要求做出了规定，其中，美国强制性要求卫生纸含有50%回收纤维，目的是促进废纸再循环利用和降低环境污染。只有中国台湾地区的标准对化学药品、颜料及染料的卫生要求做出了规定。对比而言，我国的卫生纸国家标准从产品使用性能、原料及微生物指标三个方面对卫生纸的质量提出了要求，其中微生物指标是其他国家和地区的标准所没有规定的。因此，我国卫生纸国家标准相对于其他国家和地区是一个更为严格的标准，符合我国卫生纸国家标准的产品是安全可靠的。

国家标准GB 20810—2006《卫生纸（含卫生纸原纸）》发布以来，受到了国家相关监管部门的监督和管理。

2012年11月，深圳市市场监管局在其网站通报三季度纸巾纸产品监督抽查结果。结果显示，此次抽查的全市34家企业生产销售的81批次产品中，77批次合格，另有4批次样品检测不合格，而且均是微生物指标项不合格。据介绍，此次抽查对样品的微生物指标，包括细菌菌落总数、真菌菌落总数、大肠菌群、致病性化脓菌（绿脓杆菌、金黄色葡萄球菌、溶血性链球菌）等关系人体健康和人身财产安全的国家强制性项目进行了检验。

2013年，北京市工商部门委托国家纸张质量监督检验中心和北京市理化分析测试中心，对市场上销售的纸制品类商品进行了质量监测。本次监测的纸制品其中包括纸巾纸（含湿巾）。抽检中，有8家企业的洁肤湿巾检出真菌菌落总数超标，其中部分企业的细菌菌落总数、真菌菌落总数均超标。

由此可以看出，检测卫生纸（含卫生纸原纸）微生物指标是至关重要的。

学习活动

学习活动11.1 接受任务（建议16课时）。
学习活动11.2 制订检测计划（建议14课时）。
学习活动11.3 检测准备（建议22课时）。
学习活动11.4 实施检测（建议62课时）。
学习活动11.5 数据分析及结果报告（建议4课时）。
学习活动11.6 总结与评价（建议10课时）。

学习活动11.1 接受任务

学习目标

（1）了解卫生纸微生物指标的检测项目和测定意义。
（2）掌握样品采集的方法。
（3）能识读任务单，明确检测项目。
（4）掌握培养基的制作及平板细菌计数方法。
（5）掌握大肠菌群、金黄色葡萄球菌、溶血性链球菌等微生物指标的测定方法及注意事项。

学习过程

11.1.1 细菌菌落总数的测定

接受检验任务单，见表11-1。

表 11-1　细菌菌落总数的测定任务单

样品名称				样品编号	
样品性状及包装				样品数量	
样品存放条件				样品处置	
检验技术依据		GB 20810—2006《卫生纸（含卫生纸原纸）》			
测试方法和仪器					
检测地点及环境条件					
检验项目		细菌菌落总数的测定			
收样日期				检测日期	
任务下达人				检验人员	
备　注	样品已领	领样人		日　期	
	检验完成	检验员		日　期	

具体参照标准：GB 20810—2006《卫生纸（含卫生纸原纸）》。

阅读任务单，回答下列问题。

检测项目是：____________________

检测依据的标准是：____________________

阅读国家标准 GB 20810—2006《卫生纸（含卫生纸原纸）》微生物指标的测定，回答问题。

（1）写出本标准的适用范围。

（2）本实验所使用的仪器和设备主要有哪些？

（3）简述营养琼脂培养基制作的基本步骤。

（4）简述样品采集的方法与步骤。

（5）恒温培养箱设定的温度上下限各是多少？

（6）样品菌落总数超过标准规定的 10% 时，应复检几次？

（7）如何快速正确地统计平板上的细菌菌落总数？

11.1.2　大肠菌群的检测

接受检验任务单，见表 11-2。

表 11-2　大肠菌群的检测任务单

<table>
<tr><td colspan="2">样品名称</td><td colspan="2"></td><td>样品编号</td><td></td></tr>
<tr><td colspan="2">样品性状及包装</td><td colspan="2"></td><td>样品数量</td><td></td></tr>
<tr><td colspan="2">样品存放条件</td><td colspan="2"></td><td>样品处置</td><td></td></tr>
<tr><td colspan="2">检验技术依据</td><td colspan="4">GB 20810—2006《卫生纸（含卫生纸原纸）》</td></tr>
<tr><td colspan="2">测试方法和仪器</td><td colspan="4"></td></tr>
<tr><td colspan="2">检测地点及环境条件</td><td colspan="4"></td></tr>
<tr><td colspan="2">检验项目</td><td colspan="4">大肠菌群的检测</td></tr>
<tr><td colspan="2">收样日期</td><td colspan="2"></td><td>检测日期</td><td></td></tr>
<tr><td colspan="2">任务下达人</td><td colspan="2"></td><td>检验人员</td><td></td></tr>
<tr><td rowspan="2">备　注</td><td>样品已领</td><td>领样人</td><td></td><td>日　期</td><td></td></tr>
<tr><td>检验完成</td><td>检验员</td><td></td><td>日　期</td><td></td></tr>
</table>

具体参照标准：GB 20810—2006《卫生纸（含卫生纸原纸）》。

阅读任务单，回答下列问题。

检测项目是：________________________________

检测依据的标准是：____________________________

阅读国家标准GB 20810—2006《卫生纸（含卫生纸原纸）》微生物指标的测定，回答问题。

（1）乳糖胆盐发酵管制作需要准备的材料、试剂有哪些？

（2）简述乳糖胆盐发酵管制作的基本步骤。

（3）简述伊红美蓝琼脂平板培养基制作需要准备的材料及基本步骤。

（4）简述乳糖发酵管制作的基本步骤。

（5）如何判断样品中含有大肠杆菌菌群？

11.1.3　金黄色葡萄球菌的检测

接受检验任务单，见表11-3。

表11-3　金黄色葡萄球菌的检测任务单

样品名称		样品编号	
样品性状及包装		样品数量	
样品存放条件		样品处置	
检验技术依据	GB 20810—2006《卫生纸（含卫生纸原纸）》		
测试方法和仪器			
检测地点及环境条件			

续表 11-3

检验项目		金黄色葡萄球菌的检测			
收样日期				检测日期	
任务下达人				检验人员	
备　注	样品已领	领样人		日　期	
	检验完成	检验员		日　期	

具体参照标准：GB 20810—2006《卫生纸（含卫生纸原纸）》。

阅读任务单，回答下列问题。

检测项目是：______________________________

检测依据的标准是：______________________________

阅读国家标准 GB 20810—2006《卫生纸（含卫生纸原纸）》微生物指标的测定，回答问题。

（1）本试验所使用的仪器和设备主要有哪些？

（2）氯化钠肉汤培养液制作需要准备的材料有哪些？

（3）简述血琼脂培养基制作需要准备的材料及操作步骤。

（4）简述血浆凝固酶试验的基本步骤。

（5）如何判断样品中含有金黄色葡萄球菌？

11.1.4　溶血性链球菌的检测

接受检验任务单，见表 11-4。

表 11-4　溶血性链球菌的检测任务单

样品名称				样品编号	
样品性状及包装				样品数量	
样品存放条件				样品处置	
检验技术依据	GB 20810—2006《卫生纸（含卫生纸原纸）》				
测试方法和仪器					
检测地点及环境条件					
检验项目	溶血性链球菌的检测				
收样日期				检测日期	
任务下达人				检验人员	
备　注	样品已领	领样人		日　期	
	检验完成	检验员		日　期	

具体参照标准：GB 20810—2006《卫生纸（含卫生纸原纸）》。

阅读任务单，回答下列问题。

检测项目是：________________

检测依据的标准是：________________

阅读国家标准 GB 20810—2006《卫生纸（含卫生纸原纸）》微生物指标的测定，回答问题。

（1）本试验所使用的仪器和设备主要有哪些？

（2）营养肉汤、血琼脂平板制作需要准备的材料有哪些？

（3）简述营养肉汤、血琼脂平板制作的基本步骤。

（4）链激酶试验和杆菌肽敏感试验的操作步骤有何不同？

（5）如何判断样品中含有溶血性链球菌？

学习活动11.2　制订检测计划

熟读国家标准GB 20810—2006《卫生纸（含卫生纸原纸）》，并查阅相关的资料，经小组讨论后制订出工作计划（所需培养基、试剂、仪器、人员分工、时间安排、工作流程图等），并根据国家标准GB 20810—2006《卫生纸（含卫生纸原纸）》，绘制细菌菌落总数的检测、大肠菌群的检测、金黄色葡萄球菌的检测、溶血性链球菌的检测等流程图并报教师审批。

学习活动11.3　检测准备

按工作计划准备所需的培养基及相关试剂，做好卫生纸（含卫生纸原纸）的样品采集与样品处理工作。

学习活动11.4　实施检测

按标准GB 20810—2006《卫生纸（含卫生纸原纸）》和制订的工作计划校验显微镜等仪器，按标准GB 20810—2006《卫生纸（含卫生纸原纸）》及教师审批过的检测流程图进行细菌菌落总数的检测、大肠菌群的检测、金黄色葡萄球菌的检测和溶血性链球菌的检测。

学习活动11.5　数据分析及结果报告

（1）记录原始数据，根据统计情况计算出细菌菌落总数，自行设计并填写分析报告。

（2）观察现象，根据现象判定样品是否存在大肠菌群、金黄色葡萄球菌、溶血性链球菌等微生物。自行观察并填写分析报告。

学习活动 11.6　总结与评价

学习目标

（1）能分析总结样品采集方法及注意事项、细菌菌落总数计数方法、大肠菌群的测定方法、金黄色葡萄球菌的测定方法、溶血性链球菌的测定方法、数据处理结果等。

（2）能根据评价标准进行客观评价。

学习过程

（1）简述样品采集方法及注意事项。

（2）简述细菌菌落总数计数方法及步骤。

（3）大肠菌群的检测应注意哪些问题？

（4）溶血性链球菌的检测应注意哪些问题？

（5）组长对组员测定结果进行总结。

（6）自评、互评、教师评价，根据评价标准进行打分，填入表 11-5 ~ 表 11-8。

表 11-5　学生自我评价表

任务名称		微生物指标的检测		
姓　名			指导教师	
项　目		考核要求及标准	配分	分值
职业素质	出　勤	全勤	15	
		出勤不少于总课时 1/2	5 ~ 14	
		出勤少于总课时 1/2	0	
	仪容仪表	工作服装穿戴整洁；不佩戴饰品；不化妆；不穿拖鞋；不穿短裙、短裤	11 ~ 15	
		符合以上至少三项要求	1 ~ 10	
		不符合以上要求	0	
	工作态度	遵守纪律，积极参与学习活动	11 ~ 15	
		基本遵守纪律，能参与学习活动	1 ~ 10	
		不遵守纪律，不参与学习活动	0	
	环保意识	随时保持实验场地整洁	11 ~ 15	
		基本能保持实验场地整洁	1 ~ 10	
		实验场地杂乱	0	
专业能力	任务单填写	填写完整，字迹工整	6 ~ 10	
		填写不完整，字迹清晰	1 ~ 5	
		填写不完整，字迹潦草	0	
	原始记录	填写完整，字迹工整	11 ~ 15	
		填写不完整，字迹清晰	1 ~ 10	
		填写不完整，字迹潦草	0	
	报告单填写	填写完整，字迹工整	11 ~ 15	
		填写不完整，字迹清晰	1 ~ 10	
		填写不完整，字迹潦草	0	
合　计			100	
开始时间			结束时间	

表 11-6　小组评价表

任务名称		微生物指标的检测		
姓　名			指导教师	
项　目		考核要求及标准	配分	分值
职业素质	出　勤	全勤	10	
		出勤不少于总课时 1/2	1 ~ 9	
		出勤少于总课时 1/2	0	
	仪容仪表	工作服装穿戴整洁；不佩戴饰品；不化妆；不穿拖鞋；不穿短裙、短裤	5	
		符合以上至少二项要求	1 ~ 4	
		不符合以上要求	0	
	工作态度	遵守纪律，积极参与学习活动	5	
		基本遵守纪律，能参与学习活动	1 ~ 4	
		不遵守纪律，不参与学习活动	0	
	安全意识	具有安全预防意识，遵守安全操作规定	5	
		具有安全预防意识，基本遵守安全操作规定	1 ~ 4	
		无安全预防意识，不遵守安全操作规定	0	
	环保意识	随时保持实验场地整洁	5	
		基本能保持实验场地整洁	1 ~ 4	
		实验场地杂乱	0	
	合作意识	合作意识强，具有团队领导能力	10	
		具有合作意识，不主动参与团队活动	1 ~ 9	
		合作意识差，不参与团队活动	0	
专业素质	任务单填写	填写完整，字迹工整	11 ~ 15	
		填写不完整，字迹清晰	1 ~ 10	
		填写不完整，字迹潦草	0	
	实验准备	实验准备充分，能按要求采样	11 ~ 15	
		实验准备基本充分，能按要求采样	1 ~ 10	
		实验准备不充分，未按要求采样	0	
	原始记录	填写完整，字迹工整	11 ~ 15	
		填写不完整，字迹清晰	1 ~ 10	
		填写不完整，字迹潦草	0	
	报告单填写	填写完整，字迹工整	11 ~ 15	
		填写不完整，字迹清晰	1 ~ 10	
		填写不完整，字迹潦草	0	
合　计			100	
开始时间			结束时间	

表11-7　教师评价表

任务名称		微生物指标的检测			
姓　名			指导教师		
项　目		考核要求及标准		配分	分值
职业素质	出　勤	全勤		5	
		出勤不少于总课时1/2		1~4	
		出勤少于总课时1/2		0	
	仪容仪表	工作服装穿戴整洁；不佩戴饰品；不化妆；不穿拖鞋；不穿短裙、短裤		4	
		符合以上至少三项要求		1~3	
		不符合以上要求		0	
	工作态度	遵守纪律，积极参与学习活动		4	
		基本遵守纪律，能参与学习活动		1~3	
		不遵守纪律，不参与学习活动		0	
	工作纪律	遵守实验室规章制度		4	
		基本遵守实验室规章制度		1~3	
		不遵守实验室规章制度		0	
	安全意识	具有安全预防意识，遵守安全操作规定		4	
		具有安全预防意识，基本遵守安全操作规定		1~3	
		无安全预防意识，不遵守安全操作规定		0	
	环保意识	随时保持实验场地整洁		4	
		基本能保持实验场地整洁		1~3	
		实验场地杂乱		0	
	合作意识	合作意识强，具有团队领导能力		5	
		具有合作意识，不主动参与团队活动		1~4	
		合作意识差，不参与团队活动		0	
专业素质	任务单填写	填写完整、规范，字迹工整		5	
		填写不完整，缺乏规范性，字迹清晰		1~4	
		填写不完整，不规范		0	
	检测计划	计划制订合理、分工明确		5	
		计划制订基本合理，分工明确		1~4	
		计划制定不合理，分工不明确		0	
	实验准备	实验准备充分，能按要求准备培养基、试剂和显微镜等		5	
		实验基本准备充分，基本能按要求准备培养基、试剂和显微镜等		1~4	
		实验准备不充分，不能按要求准备培养基、试剂和显微镜等		0	

续表 11-7

项　目		考核要求及标准	配分	分值
专业素质	样品处理	采样正确，样品处理正确	5	
		采样基本正确，样品处理基本正确	1～4	
		采样不正确，样品处理不正确	0	
	细菌菌落总数的测定	培养基配制、细菌培养过程准确	8	
		细菌菌落总数计数结果正确	1～7	
		细菌菌落总数计数结果不正确	0	
	大肠菌群的测定	大肠菌群培养基配制、大肠菌群培养过程准确	8	
		大肠菌群的判定结果正确	1～7	
		大肠菌群的判定结果不正确	0	
	金黄色葡萄球菌的测定	金黄色葡萄球菌培养基配制、金黄色葡萄球菌培养过程准确	8	
		金黄色葡萄球菌的判定结果正确	1～7	
		金黄色葡萄球菌的判定结果不正确	0	
	溶血性链球菌的测定	溶血性链球菌培养基配制、溶血性链球菌培养过程准确	8	
		溶血性链球菌的判定结果正确	1～7	
		溶血性链球菌的判定结果不正确	0	
	原始记录	填写真实、规范	5	
		填写真实，缺乏规范性	1～4	
		填写不真实、不规范	0	
	数据处理及误差分析	数据处理正确，绝对误差不超过平均值的 10%	10	
		数据基本处理正确，绝对误差为平均值的 10%～15%	1～9	
		数据处理不正确，绝对误差大于平均值的 15%	0	
	报告单填写	填写完整，字迹工整	5	
		填写不完整，字迹清晰	1～4	
		填写不完整，字迹潦草	0	
合　计			100	
开始时间		结束时间		

注：如发生安全事故或出现故意毁坏仪器设备等情况，本次任务计为 0 分。

表 11-8　任务成绩

自我评价		小组评价		教师评价	
计算公式	本次任务成绩 = 自我评价 ×20% + 小组评价 ×20% + 教师评价 ×60%				
本次任务成绩					
本次任务是否发生安全事故或故意毁坏仪器设备等情况：□是　□否					

任务12　成品纸的外观检测

学习目标

（1）熟悉常见的外观纸病的特征。

（2）了解纸和纸板尺寸、偏斜度的测定方法。

（3）正确识读任务单，选择检测方法。

（4）能解读行业标准SN/T 0874—2000《进出口纸和纸板检验规程》和国家标准GB/T 451.1—2002《纸和纸板尺寸及偏斜度的测定》。

（5）规范填写外观纸病检查、纸和纸板尺寸及偏斜度原始记录表，出具检测报告。

（6）能按现场7S及相关标准，整理现场和处理废弃物。

（7）能熟练使用电脑查阅资料。

建议课时　64课时

任务描述

成品纸的外观检测项目包括外观纸病检测以及纸和纸板尺寸、偏斜度的测定。纸张的外观质量，是指不用仪器设备，仅靠人的感官就能判别辨认的纸张质量状况。它可分为纸页本身的外观质量和由一张一张的纸页或长带状纸页形成的件纸的外观质量。

无论是哪种外观质量都在不同程度上影响着纸的使用。外观质量差不但会降低纸张的使用价值和印刷成品率，严重时还会使纸张成为废品。另外，纸张中个别严重的外观纸病如硬纸块等，在印刷时还会轧坏印版和胶辊，造成对印刷设备的损坏。纸的外观质量和物理性能也有密切的关系，例如，外观有明显泡泡纱的纸，其平滑度和不透明度等也会受到一定影响。

纸张的外观质量检验应达到以下三个目的。

（1）检验清楚纸张的成件质量。主要有件纸外形是否良好、尺寸是否合格、包装质量及破损程度等。

（2）掌握纸张的基本纸质。包括颜色、均匀平整程度、柔韧抗张性、平滑性和洁净程度等。

（3）抽检查出平版印刷纸的大致漏选率（有明显纸病的纸张占纸张总数的百分率）。

相关知识

纸病名称及其对使用的影响。

（1）常见纸病的名称。外观纸病的名称多依据其形象、颜色、产生部位、对光的反射等情况命名，但由于不同地区、不同习惯，名称较为复杂，叫法也不尽相同。

常见的有尘埃、云彩花、透光点、透帘、匀度不均、褶子、皱纹、斑点、巴条、湿斑、浆团、孔洞、针眼、色差、卷边、翘曲、泡泡纱、网痕、毛毯痕、压花、玻璃花、砂子、硬质块、条痕、掉毛掉粉、切边不齐。

（2）纸病对纸使用的影响。

1）可造成废品，如孔洞、硬质块等。

2）影响印刷机操作，如褶子、皱纹等。

3）影响印刷质量，如匀度不均、透光点、尘埃等。

外观纸病的检查方法。

（1）迎光看纸病。将纸张迎着光源（或放在装有反光灯的玻璃上）照看，光线透过纸页，用肉眼观察纸病，主要用于检查匀度、透光等。

（2）平看检查。将纸张置于平面或斜面上，光线由左方照射，眼睛离纸面大约为0.3m，目光正对纸面看，普通的外观纸病如皱纹、脏点、尘埃、孔眼、裂口等，都可以看出。采用普通光线即可。

（3）斜看检查。用手把纸的一边提高一些，从不同的角度斜看。可以检查出纸面是否起毛，是否有光泽条痕、毛毯印子等。

（4）手摸检查。浆团、细小沙粒、纤维内夹的木屑、草筋以及纸的厚薄，要用手摸才能感觉出来。另外，用手适度揉搓或抖动纸张，然后检查有无裂口，就可以判断出纸张是否发脆。

（5）听声检查。纸张的强韧性通常称为纸张的“身骨”。身骨好的纸张，用手捏住纸张一伸一缩地拉动时，发出的声响比较清脆；身骨较差的纸张发出的声响就比较微弱。身骨越强的纸响声越大，拉动时也不容易拉破；身骨越差的纸响声越小，而且容易破裂。

外观检验员的检测项目及注意事项。

（1）卷筒外观。

1）了解复卷纸的物理指标。

2）在卷筒纸表面撕约4~10层纸，一张一张翻看有无外观纸病。

3）卷筒纸的规格是否合格，端面是否平整、两端松紧是否一致，卷筒芯是否突出、变形，有无色差、掉毛掉粉、毛边等。

4）查看卷筒纸表面是否有破损，端面是否脏或沾有油漆等。

5）对质量波动的项目进行复测。

6）根据内控标准进行判级，填写合格证时要注意定量、规格、等级、日期。

7）检查车间输送岗位打包质量是否合格，有无破损等，如包装不合格，有权制止纸卷入库。

8）定期巡视复卷情况，看原纸辊是否存在爆边、死折、起皱、辊印等。

（2）平板纸岗位。

1）平板纸外观。

①了解平板纸的物理指标。

②每栋纸取3～5张检测偏斜度，以及检查有没有外观纸病。

③平板纸的规格是否合格，端面是否平整、有无掉毛掉粉、毛边，纸有没有变形，有没有色差。

④对质量波动的物理指标进行复测。

⑤根据内控标准进行判级，填写合格证时要注意定量、规格、等级、理论重量、编号、日期，不要写错，否则会对公司造成不良影响。

⑥检查车间输送岗位打包质量是否合格，有无破损等，如包装不合格，有权制止该平板纸入库。

⑦定期巡视分切情况，看原纸是否存在爆边、死折、起皱、辊印，发现不合格纸要及时通知切纸工卸纸。

2）尺寸的测定。

①平板纸的尺寸是用分度值1mm，长度2000mm的钢卷尺来测量的。

从任一包装单位中取出三张纸样测定其长度和宽度，测定结果以平均值表示，精确至1mm。

②卷筒纸只测量卷筒宽度，其结果以测量三次的平均值来表示，精确至1mm。

③盘纸的尺寸是测量卷盘的宽度，其结果以测量三次的平均值来表示，精确至0.1mm。应用精度0.02mm的游标卡尺进行测量。

3）偏斜度的测定。

纸的偏斜度是指平板纸的长边（或短边）与其相对应的矩形长边（或短边）的偏差最大值，其结果用偏差以mm为单位的数值或偏差率来表示。

①从切每套纸所下的第一栋纸或接班的第一栋纸和交班的最后一栋纸中抽取3～5张纸样进行测定。

②将平板纸按长边（或短边）对折，使顶点A与D（或A与B）重合，然后测量偏差值，即BC（或CD）两点间的距离，如图12-1所示。测量应精确至1mm。

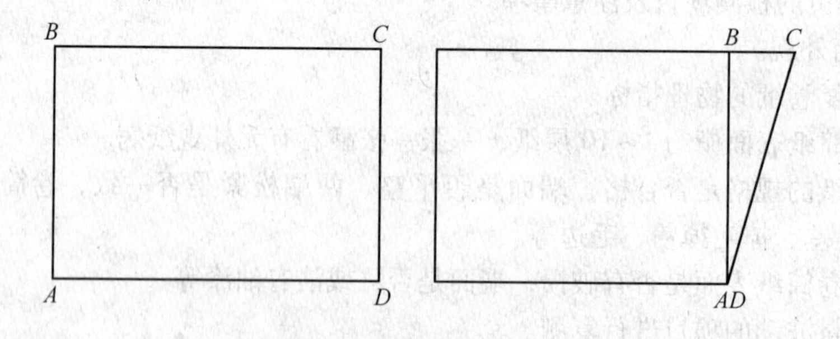

图12-1　偏斜度的测定（对折法）

③如平板纸板较厚不易折叠，可将两张纸板正反面相对重叠，使正面的点A与D分别与反面的D'与A'重合，然后测量偏差值，即BC'（或CB'）两点间的距离，如图12-2所示。测量应精确至1mm。

④结果表示：以平均值表示测定结果。如果用偏差以mm为单位的数值表示偏斜度，卷盘纸修约至0.1mm，其他修约至整数；如果用偏差率表示偏斜度，其结果保留两位有效

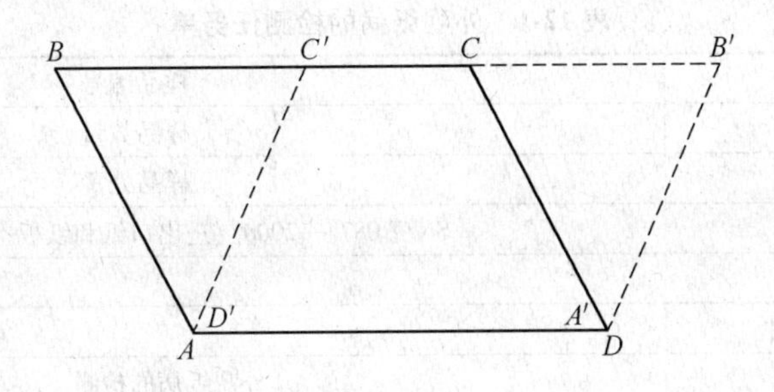

图 12-2　偏斜度的测定（重叠法）

数字，并按下式进行计算。

$$r = \frac{d'}{d} \times 100\%$$

式中，r 为偏斜度,%；d'为偏差值，mm；d 为边长，mm。

学习活动

学习活动 12.1　接受任务（建议 8 课时）。
学习活动 12.2　制订检测计划（建议 14 课时）。
学习活动 12.3　检测准备（建议 4 课时）。
学习活动 12.4　实施检测（建议 24 课时）。
学习活动 12.5　数据分析及结果报告（建议 8 课时）。
学习活动 12.6　总结与评价（建议 6 课时）。

学习活动 12.1　接受任务

学习目标

（1）熟悉纸和纸板主要的外观纸病的特征。
（2）能识读任务单，明确检测项目。
（3）掌握外观纸病的检查方法。
（4）掌握纸和纸板尺寸的测定方法。
（5）掌握纸和纸板偏斜度测定的方法。

学习过程

12.1.1　外观纸病的检测

接受检验任务单，见表 12-1。

表 12-1　外观纸病的检测任务单

<table>
<tr><td colspan="2">样品名称</td><td colspan="2"></td><td>样品编号</td><td></td></tr>
<tr><td colspan="2">样品性状及包装</td><td colspan="2"></td><td>样品数量</td><td></td></tr>
<tr><td colspan="2">样品存放条件</td><td colspan="2"></td><td>样品处置</td><td></td></tr>
<tr><td colspan="2">检验技术依据</td><td colspan="4">SN/T 0874—2000《进出口纸和纸板检验规程》</td></tr>
<tr><td colspan="2">测试方法和仪器</td><td colspan="4"></td></tr>
<tr><td colspan="2">检测地点及环境条件</td><td colspan="4"></td></tr>
<tr><td colspan="2">检验项目</td><td colspan="4">外观纸病的检测</td></tr>
<tr><td colspan="2">收样日期</td><td colspan="2"></td><td>检测日期</td><td></td></tr>
<tr><td colspan="2">任务下达人</td><td colspan="2"></td><td>检验人员</td><td></td></tr>
<tr><td rowspan="2">备　注</td><td>样品已领</td><td>领样人</td><td></td><td>日　期</td><td></td></tr>
<tr><td>检验完成</td><td>检验员</td><td></td><td>日　期</td><td></td></tr>
</table>

具体参照标准：SN/T 0874—2000《进出口纸和纸板检验规程》。

阅读任务单，回答下列问题。

检测项目是：________________________________

检测依据的标准是：________________________________

阅读行业标准 SN/T 0874—2000《进出口纸和纸板检验规程》，回答问题。

（1）写出本标准的适用范围。

（2）简述常见外观纸病如尘埃、斑点的特征。

（3）简述孔眼、破洞、透光线、透帘等纸病的特征。

（4）简述折子、皱纹、硬质块等纸病的特征。

（5）简述花色、压痕等纸病的特征。

（6）外观纸病的检验方法有几种？

（7）如果纸面凹凸不平，出现鼓泡、波纹等现象，属于哪种纸病？应采用何种检验方法检查？

12.1.2　纸和纸板尺寸及偏斜度的测定

接受检验任务单，见表 12-2。

表 12-2　纸和纸板尺寸及偏斜度的测定任务单

<table>
<tr><td colspan="2">样品名称</td><td colspan="2"></td><td>样品编号</td><td></td></tr>
<tr><td colspan="2">样品性状及包装</td><td colspan="2"></td><td>样品数量</td><td></td></tr>
<tr><td colspan="2">样品存放条件</td><td colspan="2"></td><td>样品处置</td><td></td></tr>
<tr><td colspan="2">检验技术依据</td><td colspan="4">GB/T 451.1—2002《纸和纸板尺寸及偏斜度的测定》</td></tr>
<tr><td colspan="2">测试方法和仪器</td><td colspan="4"></td></tr>
<tr><td colspan="2">检测地点及环境条件</td><td colspan="4"></td></tr>
<tr><td colspan="2">检验项目</td><td colspan="4">纸和纸板尺寸及偏斜度的测定</td></tr>
<tr><td colspan="2">收样日期</td><td colspan="2"></td><td>检测日期</td><td></td></tr>
<tr><td colspan="2">任务下达人</td><td colspan="2"></td><td>检验人员</td><td></td></tr>
<tr><td rowspan="2">备　注</td><td>样品已领</td><td>领样人</td><td></td><td>日　期</td><td></td></tr>
<tr><td>检验完成</td><td>检验员</td><td></td><td>日　期</td><td></td></tr>
</table>

具体参照标准：GB/T 451.1—2002《纸和纸板尺寸及偏斜度的测定》。

阅读任务单，回答下列问题。

检测项目是：________________

检测依据的标准是：________________

阅读国家标准 GB/T 451.1—2002《纸和纸板尺寸及偏斜度的测定》，回答问题。

（1）写出本标准的适用范围。

（2）平板纸的尺寸测定所用的仪器有哪些？

（3）简述纸和纸板偏斜度的定义。

（4）简述一些较薄、易折叠的纸和纸板偏斜度测定的方法步骤。

（5）如果平板纸板较厚不易折叠，可采用什么方法检测？

（6）写出偏斜度的计算公式。

学习活动 12.2　制订检测计划

熟读行业标准 SN/T 0874—2000《进出口纸和纸板检验规程》和国家标准 GB/T 451.1—2002《纸和纸板尺寸及偏斜度的测定》，并查阅相关的资料，经小组讨论后制订出工作计划（所需设备、人员分工、时间安排、工作流程图等），并根据行业标准

SN/T 0874—2000《进出口纸和纸板检验规程》和国家标准 GB/T 451.1—2002《纸和纸板尺寸及偏斜度的测定》绘制成品纸的外观检测、尺寸及偏斜度检测流程图并报教师审批。

学习活动 12.3　检测准备

按工作计划准备所需的检测纸张及所需要的设备（光源、卷钢尺、游标卡尺等）。

学习活动 12.4　实施检测

按行业标准 SN/T 0874—2000《进出口纸和纸板检验规程》和国家标准 GB/T 451.1—2002《纸和纸板尺寸及偏斜度的测定》和制订的工作计划准备好光源、卷钢尺、游标卡尺，按行业标准 SN/T 0874—2000《进出口纸和纸板检验规程》和国家标准 GB/T 451.1—2002《纸和纸板尺寸及偏斜度的测定》及教师审批过的检测流程图进行成品纸的外观检测、尺寸及偏斜度检测。

学习活动 12.5　数据分析及结果报告

观察现象，判断样品是否存在外观纸病，并根据测量的结果，记录原始数据，按偏差公式计算出偏斜度。自行设计并填写分析报告。

学习活动 12.6　总结与评价

学习目标

（1）能分辨出外观纸病的特征，利用外观纸病检验方法检查常见的纸病。

（2）能总结纸和纸板的尺寸测定方法、纸和纸板偏斜度的测定方法、数据处理结果等。

（3）能根据评价标准进行客观评价。

学习过程

（1）简述常见外观纸病的种类及特征。

（2）纸和纸板的尺寸如何测定？

（3）纸和纸板的偏斜度如何测定？

（4）组长对组员化验结果进行总结。

（5）自评、互评、教师评价，根据评价标准进行打分，填入表 12-3 ~ 表 12-6。

表 12-3　学生自我评价表

任务名称		成品纸的外观检测		
姓　名			指导教师	
项　目		考核要求及标准	配分	分值
职业素质	出　勤	全勤	15	
		出勤不少于总课时 1/2	5 ~ 14	
		出勤少于总课时 1/2	0	
	仪容仪表	工作服装穿戴整洁；不佩戴饰品；不化妆；不穿拖鞋；不穿短裙、短裤	11 ~ 15	
		符合以上至少三项要求	1 ~ 10	
		不符合以上要求	0	
	工作态度	遵守纪律，积极参与学习活动	11 ~ 15	
		基本遵守纪律，能参与学习活动	1 ~ 10	
		不遵守纪律，不参与学习活动	0	
	环保意识	随时保持实验场地整洁	11 ~ 15	
		基本能保持实验场地整洁	1 ~ 10	
		实验场地杂乱	0	

续表 12-3

项目		考核要求及标准	配分	分值
专业能力	任务单填写	填写完整，字迹工整	6~10	
		填写不完整，字迹清晰	1~5	
		填写不完整，字迹潦草	0	
	原始记录	填写完整，字迹工整	11~15	
		填写不完整，字迹清晰	1~10	
		填写不完整，字迹潦草	0	
	报告单填写	填写完整，字迹工整	11~15	
		填写不完整，字迹清晰	1~10	
		填写不完整，字迹潦草	0	
合计			100	
开始时间			结束时间	

表 12-4 小组评价表

任务名称		成品纸的外观检测		
姓名			指导教师	
项目		考核要求及标准	配分	分值
职业素质	出勤	全勤	10	
		出勤不少于总课时 1/2	1~9	
		出勤少于总课时 1/2	0	
	仪容仪表	工作服装穿戴整洁；不佩戴饰品；不化妆；不穿拖鞋；不穿短裙、短裤	5	
		符合以上至少二项要求	1~4	
		不符合以上要求	0	
	工作态度	遵守纪律，积极参与学习活动	5	
		基本遵守纪律，能参与学习活动	1~4	
		不遵守纪律，不参与学习活动	0	
	安全意识	具有安全预防意识，遵守安全操作规定	5	
		具有安全预防意识，基本遵守安全操作规定	1~4	
		无安全预防意识，不遵守安全操作规定	0	
	环保意识	随时保持实验场地整洁	5	
		基本能保持实验场地整洁	1~4	
		实验场地杂乱	0	
	合作意识	合作意识强，具有团队领导能力	10	
		具有合作意识，不主动参与团队活动	1~9	
		合作意识差，不参与团队活动	0	

续表 12-4

项　目		考核要求及标准		配分	分值
专业素质	任务单填写	填写完整，字迹工整		11 ~ 15	
		填写不完整，字迹清晰		1 ~ 10	
		填写不完整，字迹潦草		0	
	实验准备	实验准备充分，能按要求采样		11 ~ 15	
		实验准备基本充分，能按要求采样		1 ~ 10	
		实验准备不充分，未按要求采样		0	
	原始记录	填写完整，字迹工整		11 ~ 15	
		填写不完整，字迹清晰		1 ~ 10	
		填写不完整，字迹潦草		0	
	报告单填写	填写完整，字迹工整		11 ~ 15	
		填写不完整，字迹清晰		1 ~ 10	
		填写不完整，字迹潦草		0	
合　计				100	
开始时间			结束时间		

表 12-5　教师评价表

任务名称		成品纸的外观检测			
姓　名			指导教师		
项　目		考核要求及标准		配分	分值
职业素质	出　勤	全勤		5	
		出勤不少于总课时 1/2		1 ~ 4	
		出勤少于总课时 1/2		0	
	仪容仪表	工作服装穿戴整洁；不佩戴饰品；不化妆；不穿拖鞋；不穿短裙、短裤		4	
		符合以上至少三项要求		1 ~ 3	
		不符合以上要求		0	
	工作态度	遵守纪律，积极参与学习活动		4	
		基本遵守纪律，能参与学习活动		1 ~ 3	
		不遵守纪律，不参与学习活动		0	
	工作纪律	遵守实验室规章制度		4	
		基本遵守实验室规章制度		1 ~ 3	
		不遵守实验室规章制度		0	
	安全意识	具有安全预防意识，遵守安全操作规定		4	
		具有安全预防意识，基本遵守安全操作规定		1 ~ 3	
		无安全预防意识，不遵守安全操作规定		0	

续表 12-5

项　目		考核要求及标准	配分	分值
职业素质	环保意识	随时保持实验场地整洁	4	
		基本能保持实验场地整洁	1 ~ 3	
		实验场地杂乱	0	
	合作意识	合作意识强，具有团队领导能力	5	
		具有合作意识，不主动参与团队活动	1 ~ 4	
		合作意识差，不参与团队活动	0	
专业素质	任务单填写	填写完整、规范，字迹工整	5	
		填写不完整，缺乏规范性，字迹清晰	1 ~ 4	
		填写不完整，不规范	0	
	检测计划	计划制订合理、分工明确	5	
		计划制订基本合理，分工明确	1 ~ 4	
		计划制定不合理，分工不明确	0	
	实验准备	实验准备充分，能按要求校验仪器	5	
		实验基本准备充分，基本能按要求校验仪器	1 ~ 4	
		实验准备不充分，不能按要求校验仪器	0	
	样品处理	采样正确，样品处理正确	5	
		采样基本正确，样品处理基本正确	1 ~ 4	
		采样不正确，样品处理不正确	0	
	外观纸病的检测	外观纸病的检测方法、步骤准确	15	
		外观纸病的判定结果准确	1 ~ 15	
		外观纸病的判定结果不准确	0	
	纸和纸板尺寸及偏斜度的测定	纸和纸板尺寸及偏斜度测定方法、步骤准确	15	
		纸和纸板尺寸及偏斜度测定结果准确	1 ~ 15	
		纸和纸板尺寸及偏斜度测定结果不准确	0	
	原始记录	填写真实、规范	5	
		填写真实，缺乏规范性	1 ~ 4	
		填写不真实、不规范	0	
	数据处理及误差分析	数据处理正确，绝对误差不超过平均值的 10%	10	
		数据基本处理正确，绝对误差为平均值的 10% ~15%	1 ~ 9	
		数据处理不正确，绝对误差大于平均值的 15%	0	
	报告单填写	填写完整，字迹工整	5	
		填写不完整，字迹清晰	1 ~ 4	
		填写不完整，字迹潦草	0	
合　计			100	
开始时间		结束时间		

注：如发生安全事故或出现故意毁坏仪器设备等情况，本次任务计为 0 分。

表 12-6　任务成绩

自我评价		小组评价		教师评价	
计算公式	本次任务成绩 = 自我评价 ×20% + 小组评价 ×20% + 教师评价 ×60%				
本次任务成绩					
本次任务是否发生安全事故或故意毁坏仪器设备等情况：□是　□否					

参考文献

[1] 张磊．食品检验[M]．北京：中国劳动社会保障出版社，2015.
[2] 石淑兰，何福望．制浆造纸分析与检测[M]．北京：中国轻工业出版社，2010.
[3] 王忠厚．制浆造纸工艺[M]．2 版．北京：中国轻工业出版社，2006.
[4] 赵晨飞．纸张性能对印刷色彩控制的影响[D]．西安：陕西科技大学，2014.